KOPERNIKUS
UND
KEPLER

ZWEI VORTRÄGE

VON

MAX CASPAR

MÜNCHEN UND BERLIN 1943
VERLAG VON R. OLDENBOURG

VORWORT

Ist es nur die Wiederkehr besonderer Gedächtnisjahre, wie heuer der vierhundertste Todestag von Kopernikus am 24. Mai, was uns veranlaßt, unseren Blick auf die großen Geistesmänner zu richten, die in der Geschichte unseres Volkes hervorragen und als Schöpfer und Bildner in weltweiter Auswirkung neue Horizonte aufgerissen haben? Wäre dem so, so würden solche Feiern nichts als Familienfeste sein, bei denen man seinen pflichtmäßigen Tribut der Ehrerbietung abgibt, um alsbald wieder im Alltag weiterzuleben. Auch nicht allein die Befriedigung des berechtigten Stolzes, daß jene Männer die Unsrigen sind, darf uns dazu treiben, ihre Persönlichkeit und Leistung der Welt vor Augen zu führen. Vielmehr ist es ein Verlangen nach tiefer Einsicht in die Grundlagen und in die Entwicklung unseres geistigen Lebens, was alle, die nicht an der Oberfläche haften, drängt, zu den Quellen zurückzukehren, aus denen der Strom jenes Lebens zusammengeflossen ist. Eine solche Besinnung mag gerade auch in der Wissenschaft am Platz sein, der die Männer gedient haben, welchen diese Schrift gewidmet ist. Da auf diesem Gebiet der Fortschritt in einer Weise vorangetrieben wurde, daß man oft fast das Gefühl hat, als ob man schwebe, wird eine Betrachtung des Lebenswerkes jener Männer, welche die neue Himmelswissenschaft begründet haben, geistigen Gewinn versprechen.

Zu einer solchen Besinnung möchte die vorliegende Schrift einen bescheidenen Beitrag liefern. Sie bietet zwei Vorträge dar, von denen der erste über „Kopernikus und Kepler" im Dezember 1941 vor der Kaiser-Wilhelm-Gesellschaft in Berlin, der zweite über „Johannes Keplers wissenschaftliche und philosophische Stellung" vor der Kant-Gesellschaft in Stuttgart bereits im November 1933 gehalten wurde. Der letztere Vortrag war bereits früher in den „Schriften der Corona" an die Öffentlichkeit gebracht worden. Da dieses Heft seit einiger Zeit vergriffen ist, erscheint hier ein Neudruck. Daß die weit gefaßten Themata beider Aufsätze nicht erschöpfend behandelt sind, liegt von vornherein in ihrer Fassung als Vorträge begründet. Es kam mir vor allem darauf an, die Grundgedanken der Leistung, die beide Männer in der Umformung unseres Weltbildes vollbracht haben, klar herauszuarbeiten und zumal die Gedankenwelt Keplers in einen größeren Zusammenhang einzuordnen.

Von den beiden Bildern, die der Schrift beigegeben sind, ist das erste ein seltener alter Stich des Kopernikus, über dessen Herkunft ich nichts feststellen konnte. Herr Studiendirektor Karl Zeller in Stuttgart, in dessen Besitz sich das Original befindet, hat ihn mir in dankenswerter Weise zur Verfügung gestellt. Das zweite Bild Keplers ist ein Ausschnitt aus dem Frontispiz seiner Rudolphinischen Tafeln. Auf diesem Titelbild, zu dem Kepler selber den Entwurf gezeichnet hat, sieht man in einem offenen, zehnseitigen Tempel fünf Vertreter der Himmelskunde von den ältesten Zeiten bis auf Tycho Brahe in bewegter Haltung dargestellt. Über dem auf Säulen ruhenden Dach schwebt der kaiserliche Adler, der aus seinem Schnabel Taler in den Tempel herunterfallen läßt. Auf einer Seitenfläche des Sockels nun ist Kepler selber dargestellt, an seinem Arbeitstisch sitzend und mit einer sorgenvollen Miene zum Beschauer herausblickend, als wollte er sagen: „Ich hab auch streng studieren müessen", wie er einmal treuherzig zur Entschuldigung manches unwirschen Wortes, das er seiner ersten Frau gegeben habe, schrieb. Auf dem Tisch steht neben dem Schreibgerät ein Modell des Tempeldaches. Auf einer im Hintergrund hängenden Tafel sind die Titel seiner astronomischen Hauptwerke aufgezeichnet: Mysterium Cosmographicum (1596), Astronomiae Pars optica (1604), Commentaria Martis (Astronomia Nova, 1609), Epitome Astronomiae Copernicanae (1618-1621). Von dem reichen Talersegen fällt ein kleiner Betrag auch auf den Tisch des kaiserlichen Mathematikers.

Als die Rudolphinischen Tafeln 1627 erschienen, tobte bereits seit fast zehn Jahren der furchtbare Krieg in Deutschlands Gauen, in dem sich das deutsche Volk in unseliger Zerrissenheit während dreier Jahrzehnte selber zerfleischte. Damals schrieb der von Liebe zu seinem Vaterland erfüllte Mann, dessen Leben sich zum Ende neigte, der aber trotz aller Not in seiner Weise seinem Volke dienen wollte und mit seinen Forschungen Deutschland unsterblichen Ruhm brachte, die denkwürdigen Worte: „Wenn der Sturm wütet...., können wir nichts Würdigeres tun, als den Anker unserer friedlichen Studien in den Grund der Ewigkeit senken."

München-Solln, 25. Januar 1943.   Max Caspar

KOPERNIKUS UND KEPLER

NICOLAVS COPERNICVS

KOPERNIKUS UND KEPLER

Sonne und Erde, wer von beiden steht, wer bewegt sich?
Das ist die Frage, die vor uns auftaucht, wenn wir die
Namen Kopernikus und Kepler nennen hören. Erde
und Sonne, Wurzel und Wipfel unseres Lebensbaumes,
der aus der Erde seine Säfte zieht und seinen Wipfel dem
flutenden Licht der Sonne entgegenreckt. Die schöne
Erde, auf der wir stehen und die für unsere unmittelbare
Empfindung das Festeste ist, was wir haben, die liebe
Sonne, die durch ihre Wärme und ihr Licht das Leben
auf der Erde nährt und erhält. Wer von beiden bewegt
sich? Der Augenschein möchte diese Frage sofort entscheiden; ja der naive Mensch kann gar nicht verstehen,
wie man eine solche Frage überhaupt aufwerfen kann.
Es ist doch der Lauf der Sonne, der den Rhythmus
unseres Lebens im Großen und Kleinen bestimmt, der
den Wechsel von Tag und Nacht, von Sommer und
Winter in seinem ewigen Gleichmaß bewirkt. So sagen
wir noch heute, und was wir nach altem Sprachgebrauch
ausdrücken, das haben die Menschen Jahrtausende lang
als Wirklichkeit angenommen, indem sie sich auf ihre
Sinne verließen. In dichterischen Vergleichen verherrlich-
ten sie das Tagesgestirn und seinen Lauf, ja sie brachten
ihm als einer Gottheit Anbetung und Verehrung dar.
Der ägyptische Priester erwartete auf der Zinne des
Tempels in der unendlichen Stille, die über der weiten
Wüste lag, das Aufgehen der Sonne über dem klaren
Horizont, um dem Gott bei seinem Erscheinen zu
huldigen und zu opfern. Dem Psalmisten ist der Sonnen-
ball gleich einem Bräutigam, der aus seiner Kammer
hervortritt, gleich einem Held, der aus seinem Zelt

herauskommt und sich freut, seine Bahn zu durchlaufen. Von dem einen Ende des Himmels geht er aus und läuft um bis zu seinem anderen Ende, und nichts bleibt vor seiner Glut geborgen. Bei den Griechen fährt Helios mit seinem Viergespann feuerschnaubender Rosse täglich über den Himmel hin, um nachts in goldenem Kahn über das Weltmeer nach Osten zurückzukehren.

Wir sind prosaischer geworden und wissen es besser. Jedes Schulkind sagt heute seinem Lehrer nach, es kommt uns nur so vor, daß sich die Sonne bewegt; in Wirklichkeit bewegt sich die Erde. So hat uns Kopernikus gelehrt. Ob sich der Schüler dabei etwas denken kann, ist freilich eine andere Frage. Aber wir wissen es noch besser. Auch die Sonne steht nicht still. Sie fliegt mitsamt der Erde und den anderen Planeten mit großer Geschwindigkeit durch den unermeßlichen Weltraum, eine Vorstellung, die sowohl Kopernikus, wie Kepler noch durchaus fremd war. Doch auch damit ist der Schlußpunkt der Entwicklung noch nicht erreicht. Nachdem diese Vorstellung in das allgemeine Bewußtsein von unserem Weltbild aufgenommen war, gelangte die Wissenschaft schließlich in verhängnisvoller Verirrung und Verwirrung zu einer radikalen Lösung der kopernikanischen Frage. Da alle Bewegungen relativ sind, so sagte man, ist es unmöglich zu entscheiden, wer von beiden, Sonne oder Erde, sich im Verhältnis zum anderen bewegt. Die Frage, um die soviel gestritten wurde, soll also gar keinen Sinn haben, soll wissenschaftlich unangebracht und unmöglich sein. Der ganze Streit um Kopernikus, der mit so scharfen Waffen lange Zeit geführt worden ist und so tiefgehende Erregung hervorgerufen hat, wäre demnach ein Streit um ein Nichts, die kopernikanische Tat in der Entwicklung unseres Weltbildes nur ein Durchgangspunkt gewesen zu dem Ziel, das diese Tat in ihrem Erkenntniswert wieder aufhebt. Doch sind das nicht alles Dinge, die nur die Astronomen angehen, die sie unter sich ausmachen mögen? Greifen diese Fragen in die Ordnung der menschlichen Verhältnisse ein, so daß die Art ihrer Lösung mitbestimmend ist für die Gestaltung unseres äußeren oder unseres geistigen Lebens? Kann da viel herauskommen, wenn man dem Schulkind sagt, daß nicht die Erde, sondern die Sonne still stehe? Es ist wahr, wir s a g e n nicht nur, die Sonne geht auf und geht unter, sie steigt am Himmel empor, sie durchläuft bald einen kleineren, bald einen größeren Tagbogen – wir l e b e n auch, wie wenn das so wäre. Die meisten Menschen haben gar nicht die Fähigkeit, sich klar zu machen, daß oben und unten relative Begriffe sind und daß man die Bewegung der Erde nicht solle wahrnehmen können. Sie haben nicht die Fähigkeit, die so schwierige Vorstellung einer im Raum frei schwebenden Erdkugel zu vollziehen, durch deren besonders geartete Bewegungen im Verhältnis zur Sonne sich die Verschiedenheit der Tagesdauer im Laufe des Jahres und in den verschiedenen Zonen, sowie der Wechsel der Jahreszeiten ergibt, um von anderen Feinheiten in diesen Bewegungen ganz zu schweigen. Sie brauchen das alles auch nicht, da diese Dinge die äußere Ordnung des Lebens nicht berühren. Sie sind von den Sorgen des Alltags so in Anspruch genommen, daß sie sich um all das nicht kümmern können. Näher liegende Dinge beschäftigen und verstricken ihre Wünsche und Gedanken.

Und doch, so wenig die Ordnung des äußeren Lebens durch die astronomischen Erkenntnisse berührt wird, so tief greifen sie in die Ordnung des geistigen Lebens ein. Wer möchte verkennen, daß alle die Menschen der heutigen Zeit, mehr oder weniger bewußt, mehr oder weniger von Einsicht begleitet, ein ganz anderes Gefühl von ihrer kosmischen Stellung erfüllt und beseelt, als die Menschen, die vor Kopernikus das Abendland bewohnt haben? Für diese war die Erde der Mittelpunkt der Welt. Das kristallne Firmament setzte Grenzen dem Raum. Der Mensch war die Krone der Schöpfung. Alles ist seinetwegen da. Als Leuchten sind Sonne und Mond für ihn an den Himmel gesetzt. Zu seinem Ergötzen ist das Firmament mit Sternen ohne Zahl geschmückt. Die Erde ist der Schauplatz seiner Taten, durch die er sich ein Leben im seligen Jenseits erringen soll. Sie ist der Schauplatz, auf dem sich nach christlicher Lehre das Drama der Heilsgeschichte abspielt bis zum Ende der Tage. In glücklicher Geborgenheit steht der Mensch auf festem Grund, ruht auf dem Schoß der mütterlichen Erde. Und heute? Die Erde ist aus der Mitte gerückt. Das kristallne Firmament ist in Scherben zerbrochen. Der Raum hat sich ins Grenzenlose ausgedehnt. Die Sterne sind zu leuchtenden Sonnen angewachsen. Die Sonne hat ihre Vorzugsstellung verloren. Sie ist eine unter unzählbaren Millionen geworden, die gleich den anderen durch den unermeßlichen Raum fliegt. Und um sie bewegt sich die Erde, winzig klein, ein Sandkorn, ein Tropfen am Eimer. Wie will der Mensch, der sie bewohnt, seine Ansprüche aufrechterhalten? Wo ist sein Himmel? Wie kann er den Sinn seiner Taten retten? Hat er nicht gleichsam seine Heimat in der Welt verloren, da er umherirrt nach unbekanntem Ziele?

Die Erkenntnis dieser Zusammenhänge zwischen Weltgefühl und Weltbild rückt uns die beiden Männer näher, die den schicksalhaften Wandel in unserer Weltschau in erster Linie eingeleitet haben. Sie läßt uns fragen, wie sie zu ihren revolutionären Einsichten gekommen sind, was sie gewollt und erstrebt haben. Indem wir diese Fragen zu beantworten versuchen, werden wir freilich nur einen Ausschnitt aus der Entwicklung kennenlernen, deren Pole wir eben umrissen haben. Denn das Weltbild, das Kopernikus gezeichnet und Kepler ausgebaut und erfüllt hat, weicht von unserem heutigen noch in vielfacher Hinsicht stark ab und nur Kepler, nicht schon Kopernikus, hat sich innerhalb der Grenzen des neuen Weltbildes mit den weltanschaulichen Folgerungen auseinandergesetzt. Ehe wir diesen Fragen nach gehen, wollen wir einen Blick auf die Eigenart der beiden Geisteshelden werfen.

Es ist sehr reizvoll, die beiden nach ihrer Herkunft, Stammesart, ihrem Charakter, ihren Schicksalen und ihrer Arbeitsweise einander gegenüberzustellen. Sie stehen gerade auf den Endpunkten einer Diagonale quer durch den deutschen Lebensraum, der Preuße Kopernikus im Nordosten und der Schwabe Kepler im Südwesten. Kopernikus, einer reichen Kaufmannsfamilie in Thorn entsprossen, findet von Jugend an ebene Wege vor. Er wird durch den Einfluß seines Onkels, des mit landesherrlicher Gewalt ausgestatteten Bischofs Lukas Watzenrode, bereits mit 22 Jahren Inhaber eines Kanonikats an der Frauenburger Domkirche. Sorgenlos kann er sich volle 12 Jahre lang in Krakau, Bologna, Padua dem Studium der Mathematik, Astronomie, Jurisprudenz, Medizin widmen, wird Magister artium und Doctor iuris canonici. Seine Stellung und die Beziehungen, die er von Hause aus besitzt oder leicht erwirbt, wie seine Gelehrsamkeit öffnen ihm alle Tore. Vierzig Jahre verbringt sodann der vornehme Domherr im wohlgesicherten Besitz seiner Pfründe in der ermländischen Heimat, zuerst einige Jahre im Dienste seines bischöflichen Onkels auf Schloß Heilsberg, sodann über drei Jahrzehnte mit geringen Unterbrechungen am Sitz des Domkapitels in Frauenburg. Klugheit, gemessenes Auftreten, reiches, vielseitiges Wissen, Geschicklichkeit in Verhandlungen und im Umgang mit Menschen bestimmen ihn zu ausgedehnter administrativer und politischer Tätigkeit. Er wird Kanzler des Domkapitels, zeitweilig Landpropst im ermländischen Gebiet, erscheint wiederholt auf den Landtagen Preußens als Vertreter seines Kapitels oder in unmittelbarem Auftrag seines Bischofs.

Wie ganz anders sieht dagegen der Lebensgang Keplers aus! In der kleinen Reichsstadt Weil geboren, wächst er unter engen, unfreundlichen und drückenden Verhältnissen auf als Enkel des Bürgermeisters und Sohn eines Abenteurers, der nichts gelernt hat und die Seinigen früh im Stich läßt. Er studiert in Tübingen Theologie als Stipendiat des Herzogs, von dem er dafür sein Leben lang abhängig bleibt und dessen Einwilligung er fortan zur Annahme einer Stellung bedarf. Ehe er seine Studien vollendet hat, schickt man den jungen Magister als Lehrer an die Landschaftsschule nach Graz. In demselben Alter, in dem der junge Frauenburger Domherr in der Weltstadt Rom vor Prälaten und zünftigen Fachgenossen Vorträge halten darf, muß der kongeniale schwäbische «Schueldiener» in Graz Buben in Mathematik unterrichten, die von dieser Wissenschaft nichts wissen wollen. Unduldsamkeit treibt ihn nach Prag, Unheil von dort nach Linz. Immer wenn er irgendwo warm geworden ist, verdrängt ihn nach einigen Jahren die Ungunst äußerer Verhältnisse. Sein sehnlichster Wunsch ist, in der schwäbischen Heimat eine Stelle zu erhalten. Doch diese lehnt ihn beharrlich ab. In Prag ist er dreißigjährig kaiserlicher Mathematiker geworden. Er ist stolz auf diesen Titel. Allein er muß wegen Ausbezahlung seines Gehaltes fortwährend antichambrieren und sich wehren. Kann man als Herr auftreten, wenn man dazu noch astrologische Kalender für das Volk schreiben, Horoskope stellen, in tiefer Devotion seine Schriften hochmögenden Herren widmen muß, um Geld zu bekommen? Doch seine Leistungen, das Bewußtsein einer hohen Sendung verleihen ihm Selbstgefühl. Was er geworden ist, hat er ganz durch eigene Kraft erreicht. Während dem Kleriker Kopernikus die Ehelosigkeit Ruhe und Muße zu geistiger Arbeit verbürgt, belastet sich Kepler mit der Sorge um Weib und Kind; er liebt das Familienleben. Zweimal hat er geheiratet. Die erste Frau gebar ihm fünf, die zweite sieben Kinder. Wie laut und lärmend mag es da oft in der engen Behausung des rastlosen Denkers und Rechners hergegangen sein! Von Linz aus muß er seine alte Mutter vor dem Hexentod in den Flammen retten. Während seines Aufenthaltes in dieser Stadt bricht der Dreißigjährige Krieg aus. Auch Linz bleibt nicht verschont. Er geht nach Ulm, um dort sein astronomisches Tafelwerk zu drucken. Als er damit fertig ist, weiß der Siebenundfünfzigjährige nicht, wohin sich wenden. Schließlich tritt er in Wallensteins Dienst in Sagan, wo er sich nie mehr heimisch fühlen kann. Zwei Jahre später ereilt den Ruhelosen der Tod fern von den Seinigen in Regensburg, wo er vor dem Kaiser seine Gehaltsforderungen geltend machen will.

Zu diesen Gegensätzen tritt noch ein anderer, tiefliegender. Kopernikus war ein Zeitgenosse Luthers. Ob und wieweit er von der mächtigen Bewegung, die dieser entfachte, ergriffen und mitgerissen wurde, steht nicht fest. Jedenfalls blieb er der alten Lehre treu. Seine religiöse Existenz war allem nach ebenso gesichert wie seine äußere, und es ist nichts bekannt von Glaubenskämpfen, die sein Gleichgewicht wankend gemacht hätten. Kepler, der Protestant, der gerade hundert Jahre nach Kopernikus zur Welt kam, wurde in die Zeit hineingeboren, da sich die konfessionellen Gegensätze immer mehr zuspitzten und zur Katastrophe trieben. Da ihm die Freiheit des Gewissens als Höchstes und Letztes galt, geriet er zwischen die Mühlsteine der streitenden Parteien. Von seinen Knabenjahren an quälte er sich mit religiösen Skrupeln. Er wollte den Frieden und litt schwer unter dem unseligen Zwiespalt, der sich ihm darbot, und von dem er böses Unheil kommen sah und noch schlimmeres ahnte. Da er seine Freiheit nach beiden Seiten hin verteidigte und nicht heucheln konnte, verdarb er es mit beiden Teilen. Es waren ja die gegenreformatorischen Maßnahmen Ferdinands, die ihn aus Graz vertrieben und in Linz verfolgten.

Es war die verbohrte Unduldsamkeit der württembergischen Theologen seines eigenen Bekenntnisses, die ihm zeitlebens eine Stellung in der schwäbischen Heimat verwehrte, ihn zu seinem großen Schmerz vom Abendmahl ausschloß, als verschlagenen Kalvinisten verfolgte und den damals schon berühmten Astronomen als Schwindelhirnlein und Letzköpflin abtat. Hätte er sich einer der beiden kämpfenden Glaubensgemeinschaften vorbehaltlos angeschlossen, so wäre sein äußeres Leben viel bequemer und sorgenloser gewesen. Doch es war ihm tiefer Ernst mit seinem Glauben; er studierte die Werke vieler alter Kirchenlehrer, um zur Klarheit zu gelangen. Seine religiösen Selbstzeugnisse sind erschütternde Dokumente eines wahren Gottsuchers.

Was Wunder, wenn schließlich eine entsprechende Gegensätzlichkeit auch im Schrifttum beider Männer, in ihrem Stil und in ihrer Arbeitsweise hervortritt. Kopernikus schenkte der Welt im wesentlichen das eine Werk, seine Revolutiones, das seine große Entdeckung enthält. Jahrzehntelang hat er daran gearbeitet und gefeilt. Es ist streng und klar gegliedert. Seine Sprache ist sachlich; seine Worte lassen selten etwas von der Begeisterung verspüren, die doch auch ihn gepackt haben mußte, wie jeden, der sich bewußt ist, etwas Neues, Großes zu verkünden zu haben. Nachdem das Werk fertig war, hielt er das Manuskript jahrelang zurück, sei es, daß er noch nicht in allem mit seinen Ergebnissen zufrieden war, sei es, daß er Angriffe scheute oder fürchtete, die seine neue Lehre zu gewärtigen hätte. Erst auf das Drängen seiner Freunde ließ er sich herbei, das Werk in Druck zu geben. Es kam gerade noch heraus, ehe der große Meister siebzigjährig die Augen für immer schloß. Von allem das Gegenteil finden wir bei Kepler. Er schrieb eine Menge großer und kleiner Werke über die verschiedensten Gegenstände. Nicht nur die Himmelskunde zog seinen Geist in Bann, wenn auch ihr der Hauptteil seiner Lebensarbeit gehörte. Er schrieb mathematische, physikalische, optische, chronologische, philosophische, religiöse Schriften, schrieb Folianten und Flugschriften, schrieb für das Volk und für die gelehrte Welt, schrieb in lateinischer und in deutscher Sprache. Er griff sehr gern zur Feder, es drängte ihn, seine Gedanken der Öffentlichkeit mitzuteilen. Während in den großen Werken die Arbeit vieler Jahre steckt, sind andere Werke, darunter höchst bedeutsame, in wenigen Wochen oder Monaten entstanden. Er führte einen weit ausgedehnten Briefwechsel über wissenschaftliche Fragen. Die verschiedensten Ereignisse gaben ihm Anlaß zu eigenen Schriften, das Erscheinen eines neuen Sterns, das Auftreten von Kometen, die Beobachtungen mit dem neuentdeckten Fernrohr, die Erfindung der Logarithmen, das Erscheinen eines Buches, dessen Inhalt ihn fesselt, die Beobachtung, wie der Weinverkäufer die Fässer ausmißt. Mit einem wissenschaftlichen Gegner die Klinge zu kreuzen ist ihm ein besonderes Vergnügen. Er ist immer voller Einfälle. Die Gedanken sprudeln aus ihm heraus. Entlegenste Dinge weiß er in Analogie zu setzen. Sein Stil ist, wie er selber weiß, oft unklar, sei es, daß ihm zuviel auf einmal einfällt, sei es, daß er ringt, den neuen Gedanken, die in ihm auftauchen, die geeignete Fassung zu geben. Bald ist es ein freundliches Plaudern, in dem er sich ergeht, bald ein begeistertes Künden neuer Einsichten. Bald ist er kühler Rechner und streng sachlicher Beobachter, bald spekulierender Philosoph und schwärmender Mystiker. In seine sachlichen Darstellungen flicht er immer wieder persönliche Erlebnisse ein. Das ist ja ein Hauptvorzug seiner Schriften, der sie uns so anziehend macht: er läßt den Leser an seiner eigenen Begeisterung teilnehmen, er läßt sein Herz mitsprechen mit all den Stimmungen, die es beim Schreiben erfüllt, er wünscht in engen persönlichen Kontakt mit seinem Leser zu treten, er deckt alle die Quellen auf, aus denen ihm seine Erkenntnisse zufließen, so daß uns in seinen

Werken nicht nur das Genie in seiner gigantischen Größe entgegentritt, sondern auch der edle, liebenswerte Mensch, der er gewesen ist.

So verschieden nun aber die beiden Männer in alledem waren, in einem stimmen sie miteinander überein: in ihrer großen, alle Hindernisse überwindenden Liebe zur Wissenschaft von den Sternen und in ihrer unbestechlichen Liebe zur Wahrheit, vor der alle anderen Rücksichten weichen mußten. Beide Männer waren durchdrungen von dem Glauben an eine objektive Ordnung in der äußeren Welt und an die Erkennbarkeit dieser absoluten Ordnung. Beide waren erfüllt von den höchsten ethischen Beweggründen, die sie befähigten, ihr ganzes Leben und Streben in uneigennütziger Weise dem Dienst der Wahrheit zu weihen.

Um zunächst die astronomische Leistung des Kopernikus ins Licht zu rücken und aufzuzeigen, was er dabei wollte, muß man sich an das erinnern, was er vorfand und in sich aufnahm, als er sich in jugendlichen Jahren der Himmelskunde zuwandte. Man weiß, daß sich diese Lehren in der Hauptsache an den Namen des Ptolemäus knüpfen, der im 2. nachchristlichen Jahrhundert das, was Hipparch 300 Jahre früher in genialer Weise begründet und andere weitergeführt hatten, vollendet und zu einem kunstreichen System verarbeitet hat in seinem berühmten Werk Μεγάλη Σύνταξις oder Almagest, wie später die Araber den Titel wiedergegeben haben. Das Werk setzt sich die Aufgabe, das theoretisch zu erfassen, was den Menschen der Vorzeit bei der Betrachtung des Himmels am meisten aufgefallen ist und sie in staunende Bewunderung und Neugierde versetzt hat und was durch lange Beobachtungen im einzelnen mit ziemlicher Genauigkeit festgestellt war, die Bewegungen der 7 Wandelsterne, d. h. von Mond, Merkur, Venus, Sonne, Mars, Jupiter und Saturn. Über die Fixsterne Aussagen zu machen, die über ihre Anordnung zu Sternbildern hinausgingen, waren die

Alten nicht in der Lage; sie gaben das Bezugssystem für jene Bewegungen, die Marksteine zur Festlegung der Planetenörter ab. Die Stellarastronomie ist ja ein Kind der Neuzeit und noch bei Kopernikus und Kepler und lange Zeit nachher sieht die Sternkunde ihre Aufgabe nur in der Durchforschung des Planetensystems.

Ptolemäus setzt nun in bekannter Weise die Erde ruhend in den Mittelpunkt der Welt und läßt die Wandelsterne nach der soeben angeführten Reihenfolge um die Erde kreisen. Diese Reihenfolge ist in der Hauptsache durch die Umlaufszeiten bestimmt; es ist wohl zu beachten, daß die Alten für die Planeten weder absolute noch relative Abstandsmessungen ausführen konnten, da es mit ihren Instrumenten nicht möglich war ihre Parallaxen zu bestimmen. Ausgenommen sind hiebei nur Mond und Sonne, für die namentlich Hipparch in geistvoller Weise Berechnungen angestellt hat. Die Hauptleistung des Ptolemäus bestand nun aber in der Erklärung der Unregelmäßigkeiten, die die Beobachtungen in den Bewegungen der Wandelsterne nachgewiesen hatten. Die Sonne schreitet auf ihrer Bahn durch die Fixsterne, der Ekliptik, nicht gleichförmig voran. Eine ähnliche Unregelmäßigkeit zeigt sich bei den Planeten; wir wollen uns hinfort der Einfachheit halber auf die drei oberen, Mars, Jupiter, Saturn, beschränken. Die Zeiten und Winkel zwischen je zwei aufeinander folgenden Oppositionen zur Sonne sind, wie die Beobachtungen erwiesen, nicht genau gleich groß. Zu dieser sogenannten ersten Ungleichheit kommt aber bei diesen Planeten noch eine zweite; sie stehen still, wenn sie sich ihren Oppositionen zur Sonne nähern, werden einige Zeitlang rückläufig, stehen wiederum still, um dann ihren alten Weg in Richtung von Westen nach Osten fortzusetzen. Zur Darstellung dieser Ungleichheiten verwendet Ptolemäus die geometrischen Hilfsmittel des Exzenters und des Epizykels. Er läßt die Sonne sich gleichfömig auf einem Kreis be-

wegen, dessen Mittelpunkt nicht mit der Erde zusammen-
fällt, sondern abseits von ihr liegt. Dadurch bewirkt er,
daß für den irdischen Beobachter ihre Bewegung ungleichförmig erscheint. In ähnlicher Weise verwendet er
solche Exzenter auch zur Erklärung der ersten Ungleichheit bei den Planeten. Um die Rückläufigkeiten oder vielmehr Schleifenbildungen zu erklären, setzt er auf diese
Exzenter Epizykel und läßt nun die Planeten in bestimmter
Weise auf diesen aufgesetzten Kreisen umlaufen, während
gleichzeitig deren Mittelpunkte auf dem Exzenter umlaufen.

Indem Ptolemäus die Konstanten dieses mathematischen
Schemas, vorab die Größe der Exzentrizitäten, die Verhältnisse der Epizykelhalbmesser zu den zugehörigen
Exzenterhalbmessern, und die Geschwindigkeiten der
verschiedenen Bewegungen aus geeigneten Beobachtungen mit großem Scharfsinn ermittelte, vollbrachte er eine
mathematische Leistung, die höchste Bewunderung verdient. Es gelang ihm, das Getriebe der Planetenbewegungen mit einer Genauigkeit darzustellen, die der Genauigkeit der damaligen Beobachtungen entsprach, d. h. etwa
bis auf 10 Bogenminuten. So bildete sein Almagest für
nahezu anderthalb Jahrtausende das Buch, die Bibel der
Astronomie. Er war der Kanon für die astronomische
Forschung, der dieser nicht nur das Ziel aufwies, sondern
auch die Lösung für ihre Aufgaben vorzeichnete, so daß
diese Forschung ihre fernere Leistung nur darin erblickte,
bessere Werte für die Konstanten zur Erzielung einer
noch besseren Übereinstimmung mit weiteren Beobachtungen zu bestimmen. Von Cordova und Marokko bis
Bagdad und Samarkand wurde in diesem Sinne in der
Blütezeit der arabischen Kultur die Sternkunde gepflegt.
Auf dieser Grundlage arbeitete im 13. Jahrhundert König
Alfons X. von Leon und Kastilien mit seinem Gelehrten-
stab verbesserte Tafeln zur Berechnung der Planetenörter
aus. An dieses Werk knüpften die Männer an, die im 14.

und 15. Jahrhundert die astronomische Forschung neu belebten, vorab die Deutschen Peuerbach in seinen Theoricae Planetarum und sein genialer Schüler Regiomontanus. Diese Lehre wurde in den Schulen vorgetragen, als Kopernikus lernte. Ja, noch ein halbes Jahrhundert nach dessen Tod hat kein Geringerer als Galilei in seinen ersten Mannesjahren mit dieser Lehre seine Schüler in Padua ohne ein Wort der Kritik in die Himmelskunde eingeführt.

Ehe wir aber die Tat des Frauenburger Meisters ins Auge fassen, müssen wir noch drei Punkte hervorheben, die für das ptolemäische System bezeichnend und für das folgende von Bedeutung sind.

Erstens hat Ptolemäus bei seinen Rechnungen nicht die Erde selber, sondern den Mittelpunkt der Sonnenbahn als Weltmittelpunkt angenommen, alle Bewegungen also auf einen leeren, masselosen Punkt bezogen.

Ein zweiter Punkt ist von besonderer Wichtigkeit. Ptolemäus konnte den Beobachtungen nicht genügen, die Erscheinungen nicht retten, wie man sich ausdrückte, wenn er bei den Planeten die Epizykelmittelpunkte auf den zugehörigen Exzentern gleichförmig umlaufen ließ. Er sah sich daher veranlaßt, seine Theorie zu vervollständigen. Zu diesem Zweck nahm er auf der Verbindungslinie von Weltmittelpunkt und Exzentermittelpunkt symmetrisch zu jenem einen Punkt an, das punctum aequans oder den Ausgleichpunkt, von dem aus die Bewegung auf dem Exzenter gleichförmig erscheinen soll. Indem also diese Bewegung von einem exzentrischen Punkt aus gleichförmig erscheint, ist sie in Wirklichkeit ungleichförmig, und zwar in der Weise, daß die Geschwindigkeit in der Erdferne des Planeten kleiner, in der Erdnähe größer ist. Man sieht hierin eine gute Annäherung an die wirklichen Bewegungen, wie man sie später erkannt hat.

Drittens. Während Eudoxus und Aristoteles das Bedürfnis nach einer physikalischen Erklärung der Planetenbewegungen empfanden und zu diesem Zweck ein höchst kompliziertes System von ineinander geschachtelten festen Kristallsphären mit verschiedenen Rotationsachsen ersonnen hatten, stellt Ptolemäus die physikalische Frage n i c h t. Sein System verflüchtigt sich zu einem rein mathematischen Formalismus, es ist ihm nur darum zu tun, ein geometrisches Verfahren anzugeben, durch das man die Örter der Wandelsterne für einen beliebigen Zeitpunkt bestimmen kann. Man muß in dieser erkenntnistheoretischen Haltung, die an die Entwicklung der Physik in neuester Zeit gemahnt, ein Kennzeichen der Kultur der Spätantike erblicken und es ist sehr bezeichnend, daß Peuerbach bei der Wiedererweckung der astronomischen Forschung im 15. Jahrhundert diese Haltung des Ptolemäus als einen Mangel empfand und dem Verlangen nach einer physikalischen Begründung dadurch gerecht zu werden suchte, daß er wieder feste Kristallsphären mit einer die Epizykel umfassenden Dicke annahm.

Nun kommen wir zu unserer Hauptfrage: Was ist es gewesen, was Kopernikus an diesem System auszusetzen hatte? Wo setzte er den Hebel an, um das ptolemäische Weltbild aus den Angeln zu heben? Es war nicht, wie man glauben könnte, der Mangel an Übereinstimmung zwischen Theorie und Beobachtung, der sich im Laufe der Zeit herausgestellt hatte und zu der Forderung nach neuen, verbesserten Tafeln führte. Kopernikus war mit der Genauigkeit der ptolemäischen Rechnung wohl zufrieden und setzte auch volles Vertrauen in die Beobachtungen, die dieser Rechnung zugrunde lagen. Es war auch keineswegs der eben erwähnte Mangel einer physikalischen Begründung, so lebhaft w i r diesen in dem Weltbild des Alexandriners empfinden. Wir werden sehen, daß Kopernikus in dieser Hinsicht nicht viel weiter kam. Auch daran nahm Kopernikus keinen Anstoß, daß Ptolemäus den Mittelpunkt der Sonnenbahn in seinen Rechnungen als Weltmittelpunkt setzte. Was ihm bei Ptolemäus miß-

fiel, was er ihm bei aller Hochschätzung, die er für ihn empfand, zum Vorwurf machte, das war das, was wir soeben als einen Vorzug des alten Systems kennzeichneten, die ungleichförmige Bewegung auf dem Exzenter. Daran nahm er Anstoß. Er war in die Schule des Aristoteles gegangen. Er kannte die Einwände, welche die Averroisten zur Verteidigung der aristotelischen Physik und Metaphysik gegen die ptolemäische Theorie vorbrachten. Für ihn war es daher eine axiomatische Forderung, daß eine in sich zurücklaufende «natürliche» Bewegung nicht nur notwendig kreisförmig, sondern auch gleichförmig sein müsse. Nur der Kreis, so meint er im 4. Kapitel des 1. Buches seiner Revolutiones, könne das, was vorüber ist, wieder ausführen. Wäre aber die Kreisbewegung ungleichförmig, so könnte das nur geschehen wegen einer Unbeständigkeit in der Natur des Bewegenden oder wegen einer Unregelmäßigkeit des bewegten Körpers. Gegen beides sträube sich aber der Verstand und es sei unwürdig, so etwas bei dem anzunehmen, was nach der besten Ordnung eingerichtet sei.
Da nun aber bereits Ptolemäus, wie wir sahen, erwiesen hatte, daß eine gleichförmige Kreisbewegung auf einem Exzenter nicht ausreicht, um die Erscheinungen zu retten, mußte sich Kopernikus an Stelle des Ausgleichkreises nach einem anderen Heilmittel umsehen. Das einzige, das sich ihm darbot, war der Epizykel. Er setzte dem Exzenter einen Epizykel auf und schrieb dem Planeten eine ganz bestimmte gleichförmige Bewegung vor auf diesem Epizykel, dessen Mittelpunkt wiederum eine gleichförmige Bewegung auf dem Exzenter ausführt. Damit konnte er, wie er bei jedem Planeten einzeln nachweist und wie wir heute durch Reihenentwicklungen leicht feststellen können, mit weitgehender Genauigkeit dasselbe leisten, was Ptolemäus mit dem Exzenter samt Ausgleichkreis geleistet hatte. Man beachte hiebei wohl, daß der Epizykel bei Kopernikus in ganz anderem Sinn ver-

wendet wird, als bei Ptolemäus. Während dieser ihn zur Erklärung der Schleifenbildung angewandt hatte, dient er dem Kopernikus zur Erklärung der ersten Ungleichheit. Dieser war hoch befriedigt, daß es ihm gelungen war mit Hilfe zusammengesetzter gleichförmiger Kreisbewegungen den vermeintlichen prinzipiellen Schönheitsfehler der ptolemäischen Theorie zu beseitigen. Seiner axiomatischen Forderung war Genüge getan. Doch wie sollte er nun die Schleifenbildung erklären? Das ptolemäische Hilfsmittel des Epizykels stand nicht mehr zur Verfügung. Es war bereits zu anderem Zweck verbraucht. Er sah sich genötigt, nach einer anderen Lösung zu suchen.

Jetzt tritt das Genie auf den Plan. Der Klarheit und dem Scharfblick seines geistigen Auges enthüllte sich die große, so weittragende und folgenschwere Erkenntnis: Läßt man die Erde um die Sonne kreisen, so ist in einfacher Weise die gesuchte Lösung gefunden. Jene merkwürdigen Schleifen sind nichts anderes als Reflexe der Bewegung der Erde, die der irdische Beobachter mitmacht. Eine in ihrer genialen Einfachheit verblüffende Erkenntnis! Durch eine einfache Koordinatenverschiebung werden jahrtausendealte Rätsel gelöst! Es mag für den Frauenburger Astronomen ein wunderbares Erlebnis gewesen sein, als sich Zug um Zug die Folgerungen aus seiner ersten Konzeption enthüllten. Indem er die Erde um ihre Achse rotieren ließ, beseitigte er die ungeheuerliche Vorstellung eines Umschwungs des unermeßlichen Himmelsgewölbes in der kurzen Zeit von 24 Stunden. Indem er der Achse der Erde bei deren Umlauf um die Sonne eine bestimmte Neigung gegen die Bahnebene und eine stets gleichbleibende parallele Richtung gab (wobei er freilich glaubte, der Erde hiezu eine dritte Bewegung zuschreiben zu müssen), erklärte sich in zwangloser Weise der Wechsel der Jahreszeiten und alle die Änderungen der Tagesdauer an den verschiedenen Orten der Erde. Jetzt wurde klar, warum Merkur und Venus sich nur um bestimmte Winkel von der Sonne entfernen können, wenn er der Erde ihren Platz zwischen Venus und Mars anwies. Jetzt wurde klar, warum bei Saturn, dem obersten Planeten, die rückläufige Bewegung am kürzesten, bei Mars am größten erscheint, warum diese Planeten zur Zeit ihrer Opposition so viel heller sind als in anderen Lagen. Ja noch mehr, jetzt bekamen die ptolemäischen Verhältnisse der Exzenterhalbmesser zu den Epizykelhalbmessern, die bisher nichts als durch die Erfahrung gelieferte Konstanten waren, einen geometrischen Sinn. Sie stellen die relativen Entfernungen der betreffenden Planeten von der Sonne dar, wenn der Halbmesser der Erdbahn gleich 1 gesetzt wird. War nur erst der Abstand der Erde von der Sonne genau bekannt, so konnte man jetzt auch die Abstände der anderen Planeten absolut angeben. Und in der Mitte der Planetenreigen stand unbeweglich das glänzende Tagesgestirn, die Sonne, die Leuchte der Welt, gleichsam auf königlichem Thron sitzend. «Wer möchte», so sagt er, «in diesem schönsten Tempel diese Leuchte an einen anderen oder besseren Ort setzen, als von wo aus sie das Ganze erleuchten kann?» «So groß ist in der Tat dieses göttliche, beste und größte Gebäude», sagt er am Schluß des berühmten 10. Kapitels im 1. Buch seines Werkes.

Man hat schon viel darüber geschrieben, wie Kopernikus auf den Gedanken gekommen sei, der Erde die verschiedenen Bewegungen zuzuschreiben. Er erzählt selber in der sehr eindrucksvollen Widmung seines Werks an Papst Paul III.: als er die Unsicherheit der mathematischen Überlieferungen über die Bewegungen der Planetensphären lange überlegt hatte, habe er die Schriften der Alten daraufhin untersucht, ob nicht irgend einmal einer der Ansicht gewesen wäre, daß andere Bewegungen der Weltsphären existierten, als jene annehmen, die in den Schulen die mathematischen Wissenschaften lehren. Dabei habe er bei Cicero und Plutarch Berichte alter Astronomen gefunden, die die Erdbewegung gelehrt hätten.

Den wichtigsten Bericht über Aristarch, der sich in Archimedes' Sandrechnung findet, konnte er nicht kennen, da dieses Werk damals noch nicht gedruckt war. Eifrige Verehrer des großen Deutschen glaubten nun diese Darstellung nicht wörtlich nehmen zu dürfen und seinen Ruhm dadurch mehren zu können, daß sie erklärten, der Gedanke der Erdbewegung sei durchaus selbständig im Geist des Kopernikus entstanden und er habe jene Darstellung nur gewählt, um gleich von vornherein etwaigen Angriffen durch Berufung auf die in jener Zeit hochangesehene Autorität der Alten zu begegnen. M. E. ist jedoch diese Frage nicht von Belang und der Ruhm des Meisters bedarf dieser gewaltsamen Auslegung des klaren Wortlautes nicht. An eine Bewegung der Erde zu denken, lag gar nicht so fern, da sogar Ptolemäus gleich in einem der ersten Kapitel seines Buches von der Rotation der Erde spricht, freilich um sie sogleich zu widerlegen. Viele haben die Berichte der Alten gelesen. Allein nur im Geist des Kopernikus hat der Gedanke der Erdbewegung gezündet. Er hat die Erde aus den Angeln gehoben, in denen sie festgeklemmt war. Er hat den Gedanken nicht nur allgemein ausgesprochen, sondern im einzelnen durchgeführt. Er hat erst alle die vorhin genannten Folgerungen ins Licht gerückt. Er hat erfüllt von starkem Glauben an seine Weltschau, von ihrer Harmonie und Schönheit, die neue Lehre in die Welt hinausgerufen und verkündet: So ist es. Darum wird ihm für alle Zeiten der Ruhm verbleiben, den Grundstein zu dem Neubau des astronomischen Weltbildes gelegt und damit auch eine weltanschauliche Umwälzung eingeleitet zu haben, die ein Hauptmoment beim Übergang vom Mittelalter zur Neuzeit bildete. Er hat mit seinen «Revolutiones» eine Revolution heraufgeführt.

Bei alledem darf man jedoch nicht übersehen, wie sehr sich Kopernikus noch in vielem an den Alexandriner anschließt. Die ganze Anlage seines Werkes steht in auffallender Parallele zu der des Almagest. Dem alten Meister entsprechend setzt auch er bei seinen Rechnungen nicht die Sonne selber, sondern den leeren Mittelpunkt der Erdbahn als Weltmittelpunkt. Bei der Erklärung der Breitenbewegung hält er sich an die verfehlte Darstellung des Almagest. Die Rechnungen werden ganz im Stil des Ptolemäus und in enger Anlehnung an ihn durchgeführt. Der Übergang von einem zum andern vollzieht sich in dieser Hinsicht leicht. Zu einer seltsamen Feststellung gelangt man, wenn man nach der physikalischen Begründung der Planetenbewegungen fragt. Geht man den Ausführungen nach, in denen er die Elemente der einzelnen Planeten aufzustellen sucht, so gewinnt man den Eindruck, daß es auch ihm wie Ptolemäus nur darum zu tun ist, mit seinen gleichförmigen Kreisbewegungen ein Verfahren anzugeben, nach dem man die Örter der Planeten für einen bestimmten Zeitpunkt berechnen kann. Der Pastor Andreas Osiander, der im Auftrag des Kopernikus den Druck in Nürnberg betreute, hat bekanntlich dem Werke ohne Nennung seines eigenen Namens eine Vorrede unterschoben, in der er eben diese Absicht dem Verfasser unterlegt und dabei über dessen Weltsystem schreibt: «Es ist nicht erforderlich, daß diese Hypothesen wahr, ja nicht einmal, daß sie wahrscheinlich sind; sondern es reicht schon allein hin, daß sie mit den Beobachtungen übereinstimmende Berechnungen ergeben.» Doch die Freunde des Kopernikus waren empört über diese Irreführung; sie wußten, daß dieser die Erdbewegung keineswegs nur hypothetisch auffaßte, sondern der festen Überzeugung war, damit die Wirklichkeit zu erfassen, ganz entsprechend seinen eigenen Worten in der Widmung an den Papst. Fragt man nun aber, wie Kopernikus die Bewegung der Erde und der übrigen Planeten bewirkt sein läßt, so wartet man vergeblich auf eine Antwort. In dem vollen Titel des Werks heißt es: «Revolutiones Orbium coelestium». Der Zusatz «orbium coelestium» scheint zwar auch von dem Herausgeber, nicht vom Verfasser zu stammen. Jedoch gebraucht Kopernikus in der Widmung den vollen Ausdruck, so daß er einen Anhaltspunkt über seine Auffassung geben kann. In der bisher einzigen deutschen Ausgabe von Menzzer, die kürzlich nachgedruckt wurde, ist dieser Titel durchaus falsch übersetzt mit: «Kreisbewegungen der Weltkörper.» Orbis coelestis heißt in der astronomischen Fachsprache jener Zeit niemals Welt- oder Himmelskörper, sondern Himmelsbahn oder himmlische Sphäre. Indem also Kopernikus von Umwälzungen der Himmelsbahnen spricht, denkt er sich die Bahnen mit den an ihnen haftenden Planeten in rotierender Bewegung. In der Tat ist Kepler der Auffassung, daß sich Kopernikus feste Planetensphären gedacht habe. Wenn man nun aber auch eine solche Annahme nach dem Vorgang des Aristoteles und anderer bei den übrigen Planeten für möglich hält, wie sollte man die Erdbewegung mit ihr erklären können? Wenn jedoch Kopernikus unter den rotierenden Bahnen sich einfach mathematische Kreise gedacht hat, wie soll man sich dann die zusammengesetzte Bewegung auf Epizykel und Exzenter bewerkstelligt denken? Es scheint, daß sich Kopernikus einfach auf den Begriff der «natürlichen» Bewegung zurückzieht, wie ihn Aristoteles, in dessen physikalischen Vorstellungen er noch durchaus befangen ist, geprägt hat, und sich damit jeder weiteren Erklärung enthoben glaubt.

Der Widerhall, den das große Werk des Kopernikus in den nächsten 50 Jahren nach seinem Erscheinen fand, war nicht gerade lebhaft, auch nicht bei denen, die es vor allem anging, bei den Astronomen. Einige wenige stimmten zu, wie vor allem Joachim Rheticus aus Feldkirch, sowie sein Wittenberger Kollege Reinhold. Die Mehrzahl verhielt sich gleichgültig oder ablehnend und bewegte sich weiter in den alten gewohnten Geleisen. Man kann dies wohl verstehen. Eine neue kühne Idee, die hohe Anforderungen an das Verständnis stellt, wird immer ihre Zeit brauchen, um sich durchzusetzen. Dazu kamen aber noch andere Umstände. Kopernikus konnte für seine Lehre keine Beweise beibringen. Wenn er den Einwand, bei dem Umlauf der Erde um die Sonne müßte man doch eine Verschiebung unter den Fixsternen wahrnehmen, mit Recht mit der unermeßlichen Ausdehnung des Fixsternhimmels parierte, so mochte dies doch vielen nur als ein Ausweichen oder ein Wechsel auf die Zukunft erscheinen. Es dauerte ja auch 300 Jahre, bis der Königsberger Astronom Bessel die Behauptung in einen positiven Beweis umsetzte. Dazu kam, daß die Genauigkeit, mit der die neue Lehre die Planetenörter zu berechnen wußte, die der herkömmlichen kaum zu übertreffen vermochte, wie denn auch die von Reinhold nach der kopernikanischen Lehre aufgestellten Prutenischen Tafeln bald große Abweichungen von den Beobachtungen erkennen ließen. Da es sich schließlich bei Kopernikus nur um eine Koordinatenverschiebung handelt, versteht man leicht, daß trotz der systematischen Vereinfachung bei den praktischen Rechnungen durchaus nichts gewonnen war, wenn man auch oft das Gegenteil lesen kann. Einen Planetenort nach Kopernikus zu berechnen war nicht einfacher als die Rechnung nach Ptolemäus, die man gewohnt war. Warum sollte man also der neuen Lehre den Vorzug geben, die dem Sinnenschein in jeder Hinsicht widersprach und zudem von den Theologen mit sehr bedenklichen Mienen aufgefaßt wurde? Es mußte Einer kommen, der diese Einwände auf die Seite zu schieben oder zu widerlegen vermochte, der die Mängel zunächst übersah oder verbesserte, der vor allem das große Positive in der neuen Lehre ins Auge faßte, der merkte, daß es sich hier um eine neue Zielsetzung der Astronomie, um eine Neuformung des Weltbildes handelte. Nicht darum sollte es von nun an mehr gehen, wie man für astrologische Zwecke die Planetenörter berechnete; den großen Bauplan der Welt aufzuzeigen, das sollte hinfort das hohe Ziel der Himmelskunde sein.

Der Mann, der dieses Ziel erfaßte, war Johannes Kepler. Er ist der erste und bedeutendste Künder der neuen Lehre, der Eigenes dazu beizutragen wußte. Er ist um die Wende des 16. Jahrhunderts der Rufer im Streit um das neue Weltbild, dessen Stimme weithin erscholl, wenn er auch in vielem von seiner Zeit noch nicht verstanden wurde. In ihm und durch ihn nahm dieses Weltbild die uns vertraute Form an.

Schon in Tübingen begeisterte er sich als junger Student für die kopernikanische Lehre. Sein Lehrer Mästlin war es, der ihn mit dieser bekannt machte. Während es aber Mästlin damals vorsichtig vermied, sich öffentlich zu dieser Lehre zu bekennen, um ja nicht mit seinen eifernden Kollegen in der theologischen Fakultät in Streit zu geraten, trat der junge Student, gänzlich unbeschwert von solchen Rücksichten, keck und kühn in privaten und öffentlichen Disputationen für sie ein. Die neue Idee hatte vollständig Besitz von ihm ergriffen. Nichts konnte ihm Zweifel daran einflößen, kein Einwand ihn beirren, mochte er von astronomischer, philosophischer oder theologischer Seite kommen. Alle Potenzen seines Geistes flogen der neuen Idee zu; sie schienen geradezu in ihrer eigenartigen Mischung, ihrer Gegensätzlichkeit und ihrem Reichtum dazu geschaffen, sie auszubauen und zu erfüllen. Entzücken über die neue Weltschau erfüllt den Jüngling und den reifen Mann. «Ich erachte es als meine Pflicht und Aufgabe, die Lehre des Kopernikus, die ich in meinem Innern als wahr anerkannt habe, und deren Schönheit mich beim Betrachten mit unglaublichem Entzücken erfüllt, auch nach außen mit allen Kräften meines Geistes zu verteidigen.» So schreibt er als nahezu Fünfzigjähriger in der Einleitung zu seinem Lehrbuch der kopernikanischen Astronomie.

Seine begeisterte Zustimmung gilt jedoch nicht dem ganzen Werk des Kopernikus, sie gilt der Grundidee von der Anordnung der Himmelskörper, nicht aber der Art

ihrer Durchführung. Was ihm von Anfang an hieran mißfiel, war die rein geometrische Beschreibung, die Kopernikus von den Bewegungen darbot. Kepler erkannte bald
mit aller Klarheit, daß Kopernikus noch allzusehr an
Ptolemäus hänge, daß er die Bewegungen «more Ptole-
maico, mutatis mutandis» darstelle. Er sah in seiner Lehre
erst einen fruchtbaren Ansatz, der noch der reifen Erfül-
lung harrte. Kopernikus wußte nicht, wie reich er ist,
sagt er; er habe sich vorgenommen, den Ptolemäus nach-
zubilden (exprimere), nicht die Wirklichkeit, der er doch
von allen am nächsten gekommen sei. Seine Exzenter
und Epizykel seien rein geometrische Annahmen, die mit
der Wirklichkeit nichts zu tun haben. Nichts laufe um,
außer den Planetenkörpern, keine Sphäre, kein Epizykel.
Was für Kopernikus an Ptolemäus ein Stein des Anstoßes
war, die Ungleichförmigkeit der Bewegung auf dem Exzenter, das eben war für Kepler ein Hauptvorzug des
alten Meisters, ein Fingerzeig zu neuer Erkenntnis. Wenn
Ptolemäus auf Grund der Beobachtungen in größerer Entfernung vom Weltmittelpunkt eine langsamere, in kleine-
rer Entfernung eine schnellere Bewegung festsetzte, liegt
hierin nicht ein tiefer Grund verborgen? Setzt man die
Sonne in den Weltmittelpunkt, so muß sie es sein, die
diese Erscheinung bewirkt. Das ist seine neue Idee, die
er mit aller Klarheit ausspricht: Die Sonne ist der Sitz
einer Kraft, die die Bewegung der Planeten bewirkt und
die mit zunehmender Entfernung von der Sonne immer
schwächer wird. Durch die Verschmelzung dieser Idee
mit der des Kopernikus gewann das Weltbild ein vollkommen neues Gesicht. An die Stelle des formalen
Schemas setzte Kepler ein dynamisches System, an die
Stelle der geometrischen Beschreibung der Bewegungen
die kausale Erklärung, an die Stelle der mathematischen
Regel das Naturgesetz. Aus diesem physikalischen Denken
heraus setzte er die Sonne selber in den Weltmittelpunkt,
nicht mehr den Mittelpunkt der Erdbahn, wie es Koperni-

kus getan hatte. Er erklärte die Bewegung der Planeten in Breite in richtiger Weise durch Annahme einer konstanten Neigung der Bahn gegen die Ekliptik und beseitigte damit die unmöglichen Schwankungen, die Kopernikus den Bahnen um die Knotenlinie auferlegt hatte. Er räumte auf mit dem ganzen Hausrat der Epizykel. Er entkräftete von Grund aus das aristotelische Axiom der gleichförmigen Kreisbewegung, das Kopernikus in den Mittelpunkt seiner Theorie gestellt hatte. Wenn Kopernikus gesagt hatte, die Sonne lenke (gubernat) von ihrem königlichen Thron aus die Planeten, so war das bei ihm eine poetische Floskel. Bei Kepler wird der Gedanke zu physikalischer Wirklichkeit. Und wenn Kopernikus erklärte, daß die Größe der Planetenbahnen durch die Dauer der Umlaufszeiten gemessen werde, so wollte er damit feststellen, daß die von ihm ermittelten relativen Abstände der Planeten von der Sonne mit der auf Grund der Umlaufszeiten festgesetzten Anordnung der Alten übereinstimmen. Kepler aber spürte durch seine physikalische Idee geleitet das Naturgesetz auf, das die Umlaufszeiten mit den Bahnhalbmessern verbindet. Der Gedanke, daß die Geschwindigkeit eines Planeten um so größer ist, je mehr er sich der Sonne nähert, führte ihn zur Auffindung des Flächensatzes und leuchtete ihm voran bei der Erkundung der elliptischen Form der Planetenbahnen. Die Entdeckung dieser drei Gesetze der Planetenbewegungen hat die astronomische Forschung für alle Zeiten auf eine neue Grunlage gestellt.

Kepler hat sich durch diese Leistungen den Anspruch auf den Ruhm des Begründers der Himmelsmechanik erworben. Es ist bemerkenswert, daß die Anfänge seiner physikalischen Denkweise bereits auf seine Studienjahre zurückgehen. Er sei, so erzählt er uns, bereits in seiner Studienzeit daran gegangen, der Erde aus physikalischen Gründen die Bewegung um die Sonne zuzuschreiben, wie es Kopernikus aus mathematischen Gründen getan habe.

Wenige Jahre später erklärte er mit aller Bestimmtheit:
«Ich halte dafür, daß Astronomie und Physik so eng miteinander verflochten sind, daß keine ohne die andere vollkommen durchgebildet werden kann.» Wir, denen dieser
Gedanke so selbstverständlich ist, wir müssen uns in jene
Zeit zurückversetzen, um die ganze Bedeutung der Leistung zu würdigen, die Kepler hier vollbracht hat. Nicht
einmal ein so guter Astronom, wie sein einstiger Lehrer
Mästlin es war, konnte ihm auf diesem Weg folgen. Er riet
ihm wieder immer ab von seinen physikalischen Versuchen
und spottete ihn ob seinen Bemühungen aus. Man müsse
die physikalischen Ursachen ganz aus dem Spiele lassen,
meinte er, und dürfe Astronomisches nur nach astronomischen Methoden mit Hilfe von astronomischen, nicht
physikalischen Ursachen und Hypothesen erklären; nur
Geometrie und Arithmetik seien die Schwingen der Astronomie. Und noch ein Größerer konnte Kepler nicht verstehen, der um 7 Jahre ältere Galilei. In seinen berühmten
Dialogen über die Weltsysteme, die 23 Jahre nach Keplers
Astronomia Nova und zwei Jahre nach Keplers Tod erschienen, werden, man sollte es kaum glauben, Keplers
Planetengesetze und alle seine Forschungen über die
physikalische Begründung der Himmelsbewegungen mit
keinem Worte erwähnt, obwohl diese Gedanken doch von
zentraler Bedeutung für dieses Thema sind. Ja noch
mehr, Galilei spendet Kopernikus ausdrückliches Lob, weil
er es verstanden habe, jene Bewegungen durch gleichförmige
Kreisbewegungen darzustellen. Und das tut der Mann, der
sich die Aufgabe gesetzt hatte, den aristotelischen Bewe-
gungsbegriff umzustoßen. Nur an einer Stelle wird Kepler
in den Dialogen erwähnt, nämlich im vierten, in dem die Erscheinung der Gezeiten behandelt wird. Kepler hatte dieses
Phänomen in ganz richtiger Weise durch die Anziehung des
Mondes erklärt und muß sich darob an jener Stelle einen
Tadel von dem Italiener gefallen lassen. Diesem blieb der
Gedanke der Himmelsmechanik zeitlebens völlig fremd.

Es war Newton vorbehalten, Keplers physikalische Ideen durch das Gravitationsgesetz zu vollenden. Dieser selber ist nicht zu voller Klarheit in ihrer Ausführung durchgedrungen. Allein man muß doch mit allem Nachdruck betonen, wie nahe Kepler dem Ziel gekommen ist. So sagt er ausdrücklich von seiner magnetischen oder Anziehungskraft, sie breite sich aus wie das Licht. Wie weit entfernt er sich von seinen Zeitgenossen, die zu allermeist noch die aristotelische Vorstellung von der Schwere mit sich herumtrugen, wenn er an einen ungläubigen Freund schreibt: «Wenn man einen Stein hinter die Erde setzen und den Fall annehmen würde, daß beide von jeder anderen Bewegung frei sind, so, behaupte ich, würde nicht nur der Stein auf die Erde zueilen, sondern auch die Erde auf den Stein zu; sie würden den zwischenliegenden Raum im umgekehrten Verhältnis ihrer Gewichte teilen.» Hier tritt der Gedanke der allgemeinen Gravitation ganz klar zutage. Kepler macht auch den Versuch, seine Vorstellung rechnerisch zu bewältigen. Dazu reichten freilich die mathematischen Hilfsmittel seiner Zeit nicht aus. Wenn er von einer regelmäßigen Ungleichförmigkeit spricht, ist man geradezu gedrängt, an Differentialgleichungen zu denken, wie es denn auch bei seinen Untersuchungen nicht ohne Integrationen abgeht, die er, ein Vorläufer des Infinitesimalkalküls, durch höchst mühsame Summationen auszuführen versteht.

Das Werk, in dem Kepler seine ersten zwei Planetengesetze verkündete, führt den stolzen Titel «Astronomia Nova» und den Untertitel «Physica coelestis». Es ist in der genialen Logik seines Aufbaus eines der größten Meisterwerke der Naturwissenschaft, ja eines der bedeutendsten Dokumente des forschenden Menschengeistes. Es ist das erste moderne Buch über Himmelskunde. Hält man es neben das Werk des Kopernikus, so ist es bei aller Würdigung, die dieses verdient, nicht zu viel behauptet, wenn man sagt, daß der Schritt von Kopernikus zu Kepler größer ist als der von Ptolemäus zu Kopernikus.

Daß nun auch die Genauigkeit der Berechnung der Planetenörter durch die neuen Erkenntnisse wesentlich gefördert wurde, liegt auf der Hand. Die wahren Planetengesetze und die vortrefflichen Beobachtungen Tycho Brahes, die auch für die Entdeckung dieser Gesetze die unumgänglich notwendige Voraussetzung gebildet hatten, sind die Grundpfeiler, auf denen das astronomische Tafelwerk, die Rudolphinischen Tafeln, ruhen, die Kepler vollendet hat. Diese Tafeln gaben für 150 Jahre die Grundlage ab für die astronomischen Rechnungen. Sie begleiteten in der Folgezeit die Vermessungsschiffe an der amerikanischen Ostküste, wie einst die Tafeln des Deutschen Regiomontanus den Kolumbus auf seiner Fahrt nach der Neuen Welt begleitet hatten.

Wir haben bisher die physikalische Idee betrachtet, mit der Kepler gleichsam dem schönen Gebilde von des Kopernikus Hand erst den Odem des Lebens eingehaucht hat. Damit haben wir aber keineswegs den ganzen Kepler erfaßt. Das physikalische Prinzip ist nur das eine Thema der Fuge seines astronomischen Lebenswerks, in seinem Sinn nicht einmal das Hauptthema. Neben oder vielmehr über diesem Thema geht ein anderes in reichen Modulationen und vollen Akkorden einher, das von der Idee der Harmonie gebildet wird. Hat sich Kepler bei den Untersuchungen, die wir bisher behandelt haben, als ein überlegener Meister der Induktion erwiesen, zu einer Zeit, in der diese Forschungsmethode noch durchaus neu war, so tritt er jetzt als großer deduktiver Denker vor uns hin, der sich die höchste Aufgabe zum Ziele setzt. Diese Aufgabe besteht in nichts Geringerem als in dem kühnen Unternehmen, den Bau der Welt aus metaphysischen Prinzipien a priori abzuleiten. Diesem Unternehmen widmete Kepler seine beste Kraft. Er trug den Plan viele Jahre mit sich herum. In seinem ersten Werk legte er schon den Grund zu seiner Ausführung und auf der Höhe seines Schaffens gab er ihm Vollendung in dem großen Meisterwerk seiner

Weltharmonik. Sein Bestes, Tiefstes und Letztes wollte er damit der Welt verkünden.

Die Welt ist so, wie sie ist, aus Gottes Schöpferhand hervorgegangen und der allgütige und allweise Gott konnte nichts anderes als eine schönste Welt schaffen, ein Werk von vollkommenster Schönheit. Ein alter Gedanke griechischer Weisheitslehre, für den sich Kepler ausdrücklich auf Plato beruft. Doch was ist schön, was gibt uns einen Maßstab für das Schöne ab? Kopernikus ist mit der Idee einer schönsten Welt ebenfalls vertraut. Es entspricht ganz dem Geist der Renaissance, wenn er sich zur Aufgabe setzt, «die Form der Welt und die Symmetrie ihrer Teile» zu erforschen und darzustellen. Wie er zur Erreichung dieses ästhetischen Zieles die Geometrie heranzieht und vollkommene Kreise, sowie gleichförmige Kreisbewegungen verwendet, haben wir gesehen. Auch für Kepler bildet die Geometrie die Grundlage, auf der er sein Gedankengebäude errichtet. Sie liefert ihm das Mittel zu seiner Beweisführung, jedoch in ganz anderer Weise, als dem Kopernikus. Wie bei dem tiefsinnigen Schwaben nicht anders zu erwarten ist, steigt er hinab in alle Tiefen der Metaphysik, um dort seine Lösung zu suchen.

Was sich der Erkenntnis vor allem anderen als klar und sicher darbietet, das sind nach Kepler die Quantitäten, Zahlen und Größen. Träger der Quantitäten sind die geometrischen Gebilde. Es ist aber nicht so, daß der Mensch diese Gebilde und ihre Eigenschaften aus der sinnlichen Wahrnehmung kennenlernt. Die Struktur des Raumes wird nicht durch die äußere Erfahrung erfaßt. Nein, für Kepler sind die geometrischen Gebilde reine Vernunftdinge. Sie sind von Ewigkeit her im göttlichen Geiste urbildlich vorhanden. Und weil der menschliche Geist ein Ebenbild des göttlichen ist, trägt er auch selber diese geometrischen Begriffe in sich. Die Geometrie ist mit dem Bild Gottes in den Menschen übergegangen. Er drückt dies aus mit dem prachtvollen Satz: «Die Geometrie ist einzig und ewig, ein Widerschein aus dem Geiste Gottes. Daß die Menschen an ihr teilhaben, ist mit eine Ursache dafür, daß der Mensch ein Ebenbild Gottes ist.» Wie sich die Ebenbildlichkeit des Menschen durch die in seinem Geist vorhandenen mathematischen Ideen dokumentiert, so ist die äußere Natur ein Abbild Gottes, insofern darin die urbildlichen geometrischen Gestalten und Verhältnisse verwirklicht, sichtbar gemacht sind. Ja, in der ganzen Natur offenbart sich ein geometrischer Instinkt, indem sie selber überall, wo sie gestaltet, solche geometrischen Verhältnisse zum Ausdruck bringt, so besonders auffallend in den Pflanzen und Kristallen. «Wie Gott der Schöpfer gespielet,» sagt unser Mystiker, «also hat er auch die Natur als sein Ebenbild lehren spielen, und zwar eben das Spiel, das er ihr vorgespielet.»

Unter den geometrischen Gebilden ist die Kugel das vornehmste. Dann folgen die sogenannten regulären Körper, Tetraeder, Würfel, Oktaeder, Dodekaeder, Ikosaeder. Daß es deren fünf und nur fünf gibt, folgt für Kepler eben wieder aus seiner metaphysischen Struktur des Raums. Eine besondere Rolle spielen die ebenen regelmäßigen Vielecke. Und da ist es für ihn von entscheidender existentieller Bedeutung, welche von ihnen konstruierbar oder, wie er sagt, wißbar sind und welche nicht. Den Grund, daß das Dreieck, Viereck, Fünfeck wißbar ist, das Siebeneck, Neuneck usw. nicht, kann er wieder nur im göttlichen Wesen selber finden. Das Siebeneck, Neuneck gibt es einfach nicht und darum hat es Gott auch nicht in der Schöpfung verwirklicht, nicht verwirklichen können. Die wißbaren regulären Vielecke liefern nun dem grübelnden Forscher nach einem geistreichen mathematischen Axiomensystem, das er aufstellt, sieben ausgezeichnete Verhältnisse kleiner ganzer Zahlen. Das sind seine Urharmonien, seine weltbildenden Verhältnisse. Das Wort Harmonie weist auf die Musik hin. Doch es ist wohl zu beachten, daß Kepler mit Harmonien zunächst ausgezeichnete mathematische Verhältnisse versteht, die er aus den wißbaren Figuren abstrahiert.

Da erlebt er nun aber wiederum mit höchstem Staunen das Wunder, das einst die Pythagoreer erschüttert hat. In der Musik ergeben zwei Saiten dann und nur dann einen Wohlklang, wenn sich unter sonst gleichen Umständen ihre Längen wie gewisse kleine Zahlen zueinander verhalten. Das ist in der Tat ein tiefes Geheimnis. Was haben die Zahlen mit dem unmittelbaren, nicht weiter zu analysierenden Erlebnis des Wohlklangs zu tun? Die Pythagoreer ergingen sich bei Beantwortung dieser Frage in rein abstrakten Zahlenspekulationen. Kepler nahm seine Urharmonien vor und siehe da, die sieben Verhältnisse, die er aus geometrischen Urgründen abgeleitet hatte, stimmten gerade mit den Verhältnissen überein, welche die beiden Terzen, die Quart, Quint, die beiden Sexten und die Oktav bestimmen. Mußte diese Entdeckung für seine geometrischen Spekulationen nicht eine neue Bestätigung, einen neuen Sinn liefern? Zeigten sich hier nicht verborgene Zusammenhänge, die die Tiefen des Geistes erleuchten? Daß Kepler diese Einsichten zum Anlaß nahm, eine ganze Harmonielehre aufzubauen, das Gefüge der Tonleiter, die Entstehung der Tonarten, ihre Affektwirkung und vieles andere abzuleiten, sei nur nebenbei erwähnt. Für sein astronomisches Ziel wichtig war dies, daß er nun einen Maßstab für das Schöne in Händen hatte. Die ausgezeichneten geometrischen Gebilde und seine Urharmonien waren es, die Gott in seiner Schöpfung hatte zum Ausdruck bringen müssen, um ihr den Stempel vollkommener Schönheit einzuprägen.

Da ist die Sonne im Mittelpunkt der Welt und um sie kreisen in elliptischen Bahnen die sechs Planeten. Warum sind es gerade sechs, nicht mehr noch weniger? Worin besteht die Gesetzmäßigkeit ihrer Abstände von der Sonne? Nun, die Antwort liefert die Geometrie. Die sechs Planeten weisen fünf Zwischenräume auf. Fünf ist aber die

Anzahl der regulären Körper. Denkt man sich um die Sonne mit den Abständen der Planeten sechs Kugeln beschrieben, so passen die fünf Körper gerade so zwischen je zwei aufeinander folgende Kugeln, daß immer die kleinere einbeschriebene, die größere umbeschriebene Kugel eines dieser Körper wird. Es stimmte zwar nicht genau, aber doch so gut, daß Kepler an dieser Idee festhielt; schon früh hatte er sie triumphierend als das Mysterium cosmographicum, das Weltgeheimnis, verkündet. Damit waren Anzahl und Abstände der Planeten von der Sonne a priori erklärt. Nun aber, woher kommen die Exzentrizitäten der sechs Bahnen? Woher haben sie ihre so verschiedenen Größen? Dahinter stecken eben die Harmonien. Die Exzentrizitäten bewirken, daß ein Planet bald näher, bald ferner bei der Sonne steht. Je größer die Exzentrizität, desto kleiner ist der Abstand des Planeten in Sonnennähe und desto größer in Sonnenferne. Der Verschiedenheit des Abstandes entspricht die Verschiedenheit in den von der Sonne aus gesehenen Winkelgeschwindigkeiten des Planeten. Bestehen nun nicht vielleicht, so fragte sich Kepler, zwischen diesen extremen Geschwindigkeiten der einzelnen Planeten Verhältnisse, die zu den Urharmonien gehören? In der Tat konnte er feststellen, daß jene Verhältniszahlen diesen Urharmonien sehr nahe kommen. Aber noch mehr, auch zwischen den extremen Geschwindigkeitszahlen verschiedener Planeten ergaben sich solche harmonische Verhältnisse. Kepler müßte nicht Kepler gewesen sein, wenn er sich da nicht gleich an die letzte Aufgabe gemacht hätte, nämlich nachzuweisen: Wenn der Schöpfer möglichst viele harmonische Verhältnisse bei den extremen Geschwindigkeiten ansetzen wollte, so mußte er die Exzentrizitäten der Planetenbahnen gerade so groß machen, wie sie in Wirklichkeit sind. Und noch etwas. Um diese harmonischen Verhältnisse in möglichst großer Zahl unterzubringen, ließ sich die Absicht des Schöpfers, die Abstände durch die regulären Körper festzulegen, nicht exakt durchführen. So spricht also auch die vorhin genannte geringe Unstimmigkeit nicht gegen die Idee; sie erweist sich vielmehr als notwendig, da das Harmonieprinzip allem anderen vorangehen muß.

Das also ist die Welt, wie Keplers Geistesauge sie erschaut. Die Sonne ist der ruhende Mittelpunkt der Welt. Sie ist das Herz der Welt, die Quelle des Lichts und der Bewegung. In weiter Entfernung stehen die Fixsterne so angeordnet, daß sie einen kugelförmigen Raum schaffen, in dem sich das Planetenschauspiel abspielt. Die sechs Planeten, unter ihnen in bevorzugter Mittelstellung die Erde, kreisen um die Sonne. Sie werden von der rotierenden Sonne in elliptischen Bahnen herumgeführt und ihre Geschwindigkeiten durch die von der Sonne ausgehende Kraft geregelt. Dabei durchläuft ein jeder Planet von seiner Sonnenferne bis zur Sonnennähe eine wohl bestimmte Tonstufe, der eine eine größere, der andere eine kleinere. Bisweilen ergeben sich zwischen den Geschwindigkeiten von zweien oder gar mehreren Planeten wohlklingende Akkorde. Der eine vertritt dabei den Sopran, ein anderer den Alt, ein anderer den Tenor, ein anderer den Baß. Bald ertönen Dur-, bald Mollakkorde. So tönt die Weltenorgel fort und fort durch die ganze Weltzeit, dem irdischen Ohr zwar nicht vernehmbar, wohl aber erfaßbar durch den Geist, der seinem Ursprung und Wesen nach auf diese Harmonien gestimmt ist. Es freut sich ob dieses Spiels der Schöpfer, der das Werk geschaffen. Es freut sich daran sein treuer Astronom, der von sich bekennt: «Ich fühle mich hingerissen und besessen von einem unsäglichen Entzücken über die göttliche Schau der himmlischen Harmonien.» Man denkt an das Wort im Faust von der Sonne und der Brudersphären Wettgesang:

> Ihr Anblick gibt den Engeln Stärke,
> Wenn keiner sie ergründen mag;
> Die unbegreiflich hohen Werke
> Sind herrlich, wie am ersten Tag.

Was sollen wir zu dieser Weltschau Keplers sagen? Sie ist ein metaphysischer Traum, ein schöner Traum, in dem der mit Not und Entbehrung ringende Mann sich glücklich und selig fühlte. Doch steckt nicht oft in den Träumen trotz aller Unmöglichkeiten in ihrem Ablauf eine Weisheit verborgen, ein tiefer Sinn, in dem sich bildhaft die Wahrheit offenbart? Die Weisheit des Keplertraums ist vor allem die, daß der Geist über dem Stoffe steht, daß er göttlichen Ursprungs ist. Mit allem Nachdruck hat Kepler dargetan, daß der Geist es ist, der die Harmonien erzeugt. Diese werden nicht aus den Dingen gewonnen. Die Dinge liefern die Bezugsglieder. Aber der Geist ist es, der die Vergleichung vollzieht und kraft der ihm eingeborenen Ideen die Harmonien schafft. Die Materie ist tot ohne den Geist. Was ist die Sonne, wenn es kein Auge gibt, das sie betrachtet? Was ist Schönheit, Ordnung und Gesetz, wenn es keine Seele gibt, die die Schönheit empfindet, keine Vernunft, die die Ordnung setzt, keinen Geist, der das Gesetz erkennt? So ist der Keplertraum ein herrliches Bekenntnis zum Geist. Es offenbart sich in ihm nicht nur die Höhe und Tiefe des inneren Menschen, der ihn geträumt hat. Er ist zugleich eine Offenbarung des deutschen Geistes, der sich nie damit begnügt, Naturtatsachen festzustellen, der nicht zuerst den praktischen Nutzen sucht, des Geistes, der immer nach dem Unerreichbaren strebt, in Wissenschaft, Kunst und Philosophie, und in diesem Streben seine tiefsten Kräfte entfaltet. Haben wir die Heimat verloren in der Welt, wenn wir wissen, daß das Sandkorn Erde durch den unermeßlichen Raum fliegt? Nein! Nichts kann uns dieses Heimatgefühl rauben, wenn wir wie Kepler uns des göttlichen Ursprungs des Geistes bewußt sind. Mag die Erde stehen oder fliegen, wir stehen fest auf unserer Erde. Denn wir wissen: der Geist ist es, der lebendig macht.

ANHANG

Im folgenden sollen die Bewegungen der Planeten nach
Ptolemäus und Kopernikus an zwei schematischen Figuren
erläutert und damit die obigen Ausführungen anschaulich
ergänzt werden.

Figur 1 veranschaulicht die Bewegungsvorgänge, durch
die Ptolemäus die Erscheinungen darzustellen verstanden
hat. E ist die Erde, der Weltmittelpunkt. Um den
Punkt O, der um eine kleine Strecke, die Exzentrizität,
von E entfernt ist, ist der «Exzenter» $A\,A_1\,B$ beschrieben.
$A\,B$ ist die Apsidenlinie, A das Apogäum, B das Peri-
gäum. Auf der Apsidenlinie liegt symmetrisch zu E der
Punkt Q, das punctum aequans oder der Ausgleichpunkt.
Abseits von E liegt der Punkt M, der Mittelpunkt der
Sonnenbahn. Um die Punkte A und A_1 auf dem Exzenter
sind mit einem bestimmten Radius «Epizykel» beschrieben.

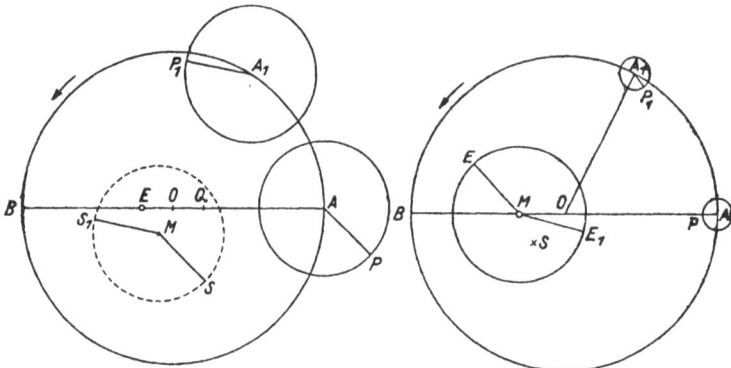

Figur 1.   Figur 2.

Ptolemäus läßt nun den Epizykelmittelpunkt A auf dem
Exzenter umlaufen, jedoch nicht gleichförmig, sondern so,

daß die Bewegung von dem Punkt Q aus gleichförmig erscheint. Da Q näher bei dem Apogäum liegt, wird die Bewegung daher in Wirklichkeit in der Nähe des Apogäums langsamer, in der Nähe des Perigäums schneller. Auf diese Weise erklärt Ptolemäus die sogenannte erste Ungleichheit. Der Planet selber läuft gleichzeitig auf dem Epizykel um, und zwar so, daß der Strahl vom Epizykelmittelpunkt zum Planet immer parallel ist zu dem Strahl, der vom Mittelpunkt M der Sonnenbahn zu dem jeweiligen Ort der Sonne geht. Dabei wird angenommen, daß sich die Sonne S auf ihrer Bahn gleichförmig bewegt. Es befinde sich in einem bestimmten Zeitpunkt der Epizykelmittelpunkt im Apogäum A; die Sonne möge sich im gleichen Zeitpunkt in S befinden. Der Ort des Planeten ist dann P, wobei AP parallel MS ist. Bewegt sich der Epizykelmittelpunkt von A nach A_1, so möge sich in der gleichen Zeit die Sonne von S nach S_1 bewegen. Der neue Ort des Planeten ist dann P_1, wobei $A_1 P_1$ wiederum parallel $M S_1$ ist. Da auf diese Weise der Planet eine sogenannte Rollkurve beschreibt, erkennt man leicht, wie er, von E aus gesehen, am Himmel in gewissen Lagen «rückläufig» wird. Das wird dann der Fall sein, wenn er sich auf einer gewissen Partie des inneren, nach O zu gelegenen Teils des Epizykels befindet. So wird von Ptolemäus mit Hilfe des Epizykels die sogenannte zweite Ungleichheit, die sich in solchen rückläufigen Bewegungen äußert, erklärt. Wenn in der Figur die Radien des Epizykels und der Sonnenbahn gleich groß angenommen wurden, so ist zu bemerken, daß dies nicht von der Theorie des Ptolemäus gefordert wird. Die Größe des Epizykelhalbmessers im Verhältnis zum Exzenterhalbmesser erhält Ptolemäus aus den Beobachtungen. Über das Verhältnis des Halbmessers der Sonnenbahn zum Halbmesser des Exzenters kann Ptolemäus nichts aussagen.

In Figur 2 sind die Bewegungen nach der Vorstellung des

Kopernikus veranschaulicht. Hier ist M der Mittelpunkt der Erdbahn, der Weltmittelpunkt. Die Erde E bewegt sich gleichförmig auf einem Kreis, dessen Radius gleich dem Radius des Epizykels der ersten Figur ist. S ist die exzentrisch zu M liegende wahre Sonne. Um O ist wieder mit dem gleichen Radius wie in Figur 1 ein exzentrischer Kreis beschrieben. Dabei nimmt Kopernikus die Strecke $O\,M$ gleich $^3/_2$ der Strecke $O\,E$ der ersten Figur an. Daß er gerade dieses Verhältnis annimmt, hat seinen Grund darin, daß er auf diese Weise mit Ptolemäus und damit mit den Erscheinungen in Übereinstimmung bleibt. Auf dem Exzenter bewegt sich der Punkt A, aber jetzt gleichförmig. Um A ist mit dem Radius $^1/_3$ $M\,O$ ein kleiner Epizykel beschrieben, auf dem sich der Planet gleichförmig bewegt, und zwar so, daß, wenn der Epizykelmittelpunkt von A nach A_1 wandert, der Planet in gleichem Drehungssinn von P aus nach P_1 gelangt, wobei der Winkel $O\,A_1\,P_1$ gleich dem Winkel $A_1\,O\,P$ ist. Durch die Übereinanderlagerung dieser beiden gleichförmigen Kreisbewegungen erreicht Kopernikus dasselbe, was vorhin Ptolemäus durch die Forderung, die Bewegung auf dem Exzenter solle von Q aus gleichförmig erscheinen, geleistet hat. Man sieht, daß auch hier, vom Weltmittelpunkt aus gesehen, sich der Planet in der Nähe des Aphels A langsamer, in der Nähe des Perihels B schneller zu bewegen scheint. Auf diese Weise benützt Kopernikus den Epizykel zur Erklärung der «ersten Ungleichheit». Die zweite Ungleichheit erklärt sich hier als Reflex der Erdbewegung, indem der Planet, von der Erde aus gesehen, sich rückläufig zu bewegen scheint, wenn sich die Erde auf einer gewissen zwischen dem Planeten und M gelegenen Partie ihrer Bahn befindet. Die wahre Sonne S spielt bei dem Bewegungsmechanismus keine Rolle. Den beiden Lagen der Sonne in Figur 1 entsprechen die Lagen E und E_1 der Erde auf ihrer Bahn, wobei $M\,E$ und $M\,E_1$ in Figur 2 je um 180^0

verschiedene Richtungen haben gegenüber MS und MS_1 in Figur 1, so daß, wenn der Planet von P nach P_1 gelangt, E nach E_1 wandert.

Es läßt sich rechnerisch zeigen, daß beide Schemata in ihrem kinematischen Effekt wegen der Kleinheit der Exzentrizitäten nahezu auf das gleiche hinauskommen, d. h. daß die Richtungen EP und EP_1 in Figur 1 nahezu die gleichen sind, wie die Richtungen von EP und E_1P_1 in Figur 2. Der Planet erscheint von der Erde aus in beiden Fällen an die gleichen Punkte des Fixsternhimmels projiziert. Auch sind die Entfernungen EP und EP_1 in Figur 1 in guter Annäherung gleich den Entfernungen EP und E_1P_1 in Figur 2. Ferner erkennt man, daß für Kopernikus das Verhältnis, in dem nach Ptolemäus der Epizykelhalbmesser zum Exzenterhalbmesser steht, zum Verhältnis des Erdbahnhalbmessers zum Planetenbahnhalbmesser wird, wodurch die nach Ptolemäus zufällige, durch die Beobachtungen gelieferte Konstante einen geometrischen Sinn erhält. (Vgl. hierzu die Einleitung zu meiner deutschen Ausgabe von Keplers «Neuer Astronomie», München 1929, wo die einschlägigen Rechnungen und Beweise durchgeführt werden.)

Die schematischen Figuren gelten für die drei oberen Planeten Mars, Jupiter und Saturn. Für die beiden unteren, Venus und Merkur, können ähnliche Betrachtungen durchgeführt werden. Die Merkurbahn bereitete freilich wegen ihrer verhältnismäßig großen Exzentrizität Ptolemäus und Kopernikus besondere Schwierigkeiten, bei deren Behebung Kopernikus ähnliche, sehr komplizierte kinematische Annahmen machte, wie Ptolemäus.

MYSTER·COSMO
ASTR·P·OPTICA
COM·MARTIS·
EPIT·AST·COP·

JOHANNES KEPLERS WISSENSCHAFTLICHE
UND PHILOSOPHISCHE STELLUNG

Die Wissenschaft, die in der Neuzeit vor allen anderen
die Bausteine zu unserem Weltbild geliefert und damit
auch auf die Gestaltung unserer Weltanschauung einen
bestimmenden Einfluß ausgeübt hat, die Physik, steht
nach beispiellosem Aufschwung an einem kritischen
Wendepunkt ihrer Entwicklung. Es geht um nicht weniger als um die Umstürzung und gänzliche Umgestaltung
ihrer Grundlagen. Was seit einigen Jahrhunderten als
sicherster Boden gegolten hat, gerät ins Wanken. Was
man als kausale Naturerklärung bezeichnet, beginnt seine
Bedeutung und Gültigkeit in dem uns seither geläufigen
Sinn und Umfang zu verlieren. Der Begriff des Natur-
gesetzes, wie er sich in dem Bewußtsein der Menschen
der letzten Jahrhunderte festgewurzelt hatte, erfährt eine
fundamentale Umbildung. Das rein mechanistische Denken, das für die Physik als das allein berechtigte gegolten
hat, wird durch eine Naturbetrachtung abgelöst, in der
Begriffe wie Zweck, Sinn, Wert wieder einen Platz haben.
Man hatte die stolze Überzeugung, daß sich der gesamte
Weltlauf in Vergangenheit und Zukunft aus dem physikalischen Zustand der das Weltall bildenden Massenpunkte
in einem bestimmten Zeitpunkt müsse berechnen lassen.
Man glaubte unumstößlich an den ewigen Fortschritt, der
mit der virtuos gehandhabten induktiven Methode könne
erzielt werden. Man war stolz auf die Triumphe der
Technik, und der Mensch fühlte sich als Herr der Natur,
der sich deren Kräfte dienstbar gemacht hat. Heute hören
wir andere Klänge. Man hat die verhängnisvollen Wirkungen der Technik kennengelernt, und in der geistigen

Verarbeitung der Welt der Erscheinungen sieht man sich vor Grenzen gestellt, die man auf den seither fast allein begangenen Wegen nicht überschreiten kann. Neue Fragestellungen drängen sich auf, und es geht wahrhaftig nicht mehr an, Fragen, die nicht in das übliche Schema passen, auf die Seite zu schieben oder als unwissenschaftlich zu brandmarken.

Man kann sich diese Krisis, in der sich die physikalische Wissenschaft heute befindet und die nicht von der Philosophie hervorgerufen wurde, sondern aus ihr selber hervorgegangen ist, die aber für die Philosophie größte positive Bedeutung besitzt, nicht schwer genug denken. Es möchte scheinen, daß sie nur ein Teil, ein Symptom einer allgemeinen Weltanschauungskrisis ist, von der heute noch niemand voraussagen kann, wozu sie führen wird. In einer solchen Zeit mag es geboten erscheinen, den Blick rückwärts auf die Geschichte der naturwissenschaftlichen Forschung, auf die Anfänge und die Entwicklung des in Umbildung begriffenen naturwissenschaftlichen Denkens zu richten. Kann man nicht vielleicht in der Vergangenheit Ansätze finden, die den Weg zur Überwindung unserer Schwierigkeiten weisen, wo wir doch wissen, daß die geschichtliche Entwicklung des geistigen Lebens keineswegs einfach eine aufsteigende gerade Linie verfolgt, daß vielmehr von einer folgenden Epoche jeweils nur gewisse Ideen übernommen werden, während man andere beiseiteschiebt, obgleich ihnen eine verborgene Keimkraft innewohnt?

Wenn wir uns nun daran machen, die wissenschaftliche und philosophische Stellung von Johannes Kepler zu untersuchen, so gelangen wir gerade in die Zeit, in der die Grundlagen zu unserem heutigen Weltbild gelegt wurden und das neue physikalische Denken seinen Anfang nahm. Er stand im geistigen Leben dieser Zeit mit in vorderster Reihe und war an der weltanschaulichen Neuformung mit in erster Linie beteiligt. Er hat als erster

Naturgesetze im bisherigen Sinn entdeckt und der Welt verkündet. Es war die Zeit, die das Erbe des Kopernikus übernommen und zu verarbeiten hatte, die Zeit, in der Tycho Brahe, Giordano Bruno, Gilbert, Galilei, Harvey, Bacon, Descartes lebten und wirkten. Aber auch die Zeit des Mystikers Jakob Böhme, die Zeit der Glaubens-kämpfe, die auf geistigem Gebiet kaum irgendwo schärfer geführt wurden als in Keplers Heimat, wo an die Stelle der Freiheit Luthers eine unduldsame Orthodoxie ge-treten war, die Zeit, in der Hexenglaube, Astrologie und Alchimie die Gemüter in Bann hielt, in der die after-mystischen Bestrebungen der Rosenkreuzer im Schwange waren, die Zeit vor und während des so unheilvollen Dreißigjährigen Krieges. Dem Mittelalter entwachsen, hatte diese Zeit noch keine eigene feste Form bilden können.

Kepler selber hat durch seine eigene Unruhe das seinige zur Unruhe der Zeit beigetragen, indem er seine neuen Ideen in die Zeit hineinwarf und in leidenschaftlicher Wahrheitsliebe für seine Überzeugung kämpfte. Neue Gedanken wirbelten stets in seinem Kopf; sie machten es ihm schwer, Schritt für Schritt eine längere Arbeit zu Ende zu führen, da immer wieder neue Einfälle die ein-geschlagene Gedankenbahn kreuzten. Um so mehr muß man die unbedingte Konsequenz, die zähe Beharrlichkeit bewundern, mit der er seine großen Werke vollbracht hat. Es offenbart sich in seinen Hauptwerken ein geradezu gigantisches Ringen mit den Aufgaben, die er sich ge-stellt hatte, wie mit den Schwierigkeiten, die er in sich selber fand und die ihm die Umgebung bereitete. Eine reiche Phantasie, die immer neue Bilder aus der Wirklich-keit herausholte, ein genialer Spürsinn, der überall ver-borgene Zusammenhänge aufzudecken suchte, eine un-bestechliche Ehrlichkeit sich selber und anderen gegen-über, ein Fleiß, der vor keiner Mühe zurückschreckte, ein echt philosophischer Drang, der ihn nie bei einer

Erkenntnis haltmachen ließ und zwang, immer noch eine Stufe tiefer vorzudringen, ein metaphysischer Glaube, der auf das Ganze ging, eine echte Frömmigkeit, die ihn zur höchsten ethischen Auffassung seines Berufes verpflichtete – all das sind Züge, die zum Bild des großen Mannes gehören, der bei alledem ein einfaches Herz sich bewahrt hatte, und es mit dem gemeinen Mann so gut verstand, wie mit den Herren, denen er diente.

An den wissenschaftlichen Sensationen seiner Zeit nimmt er lebhaftesten aktiven Anteil, so an den Entdeckungen, die Galilei mit dem neu erfundenen Fernrohr machte, an Gilberts Lehre vom Magnetismus, an der Begründung des logarithmischen Zahlenrechnens. Er besaß eine feine Witterung, um zwischen dem für die Zukunft Brauchbaren, Bedeutenden und dem Unbrauchbaren, Wertlosen unterscheiden zu können. Und doch war er, natürlicherweise, in vielen Anschauungen seiner Zeit verhaftet. Die Astrologie können wir, wie wir sehen werden, aus seiner Weltanschauung nicht hinwegdenken. In den vielen schriftlichen Äußerungen, die uns aus seinem Kampf um die Befreiung seiner als Hexe angeklagten Mutter vorliegen, findet sich keine Stelle, die gegen den Hexenglauben als solchen spricht. Als er die Verbrennung Giordano Brunos erfuhr, wußte er in einem Brief an einen Freund darüber nichts anderes zu bemerken als: er habe gehört, Bruno sei bei der Exekution sehr standhaft gewesen. Man nennt ihn häufig einen Mystiker. Das ist insofern richtig, als sich in seinem ganzen Schaffen und in all seinem Suchen ein stark religiöses Ethos ausprägt. «Es gibt ja nichts», sagt er, «was ich mit größerer Peinlichkeit zu erforschen und so sehr zu wissen verlangte, als dies: Kann ich wohl Gott, den ich bei der Betrachtung des Weltalls geradezu mit Händen greife, auch in mir selber finden?» Wenn man aber, wie es oft vorkommt, seine harmonischen Untersuchungen als mystisch bezeichnen und damit abtun will, so beweist man nur, daß

man auch der schlechten Gewohnheit huldigt, alles, was nicht mit der naturwissenschaftlichen Methode erfaßt werden kann, als Mystik zu bezeichnen. Je länger man sich mit Kepler beschäftigt, desto stärker drängt sich einem die Tatsache auf, daß er alles, was ihm in Natur und Leben begegnete, in den Bereich der Ratio zu ziehen sich bemühte, eine Tatsache, die nur durch die von ihm selber beklagte Obscuritas seines Stils und durch die uns Heutigen vielfach fremdartige Betrachtungsweise der Naturerscheinungen verdeckt wird. So will er von der Geheimlehre der Rosenkreuzer nichts wissen; er spottet über diese und wendet sich in kräftigen Worten gegen die «geistischen Zahlpropheten, Rechenmeistern und cabalistisch-theologischen Astrologen». Nur die Alchimisten, Hermetiker und Paracelsisten suchen, wie er sagt, ihr Ergötzen in aenigmatibus tenebrosis, während er von sich selber bezeugt, er bemühe sich die in Dunkel gehüllten Dinge ins Licht klarer Erkenntnis zu ziehen: «Ego res ipsas obscuritate involutas in lucem proferre nitor.»
Kepler machte auf seine Zeitgenossen einen starken Eindruck. Seine wissenschaftlichen Werke fanden weite Verbreitung und Beachtung, auch im Ausland. Seine Kalender wurden vom Volke viel gelesen und beachtet. So viele aber den großen Mann mit seiner reinen Gesinnung schätzten, wurde er doch von anderen so wenig verstanden, daß sie ihn als Häretiker, Schwätzer, Egoisten, ja als Atheisten verschrien. Dabei nahm er es in Glaubenssachen so ernst, daß er, um sich in seinen dogmatischen Differenzen mit seinen Glaubensgenossen Klarheit zu verschaffen, sich eifrig in das Studium der Kirchenväter vertiefte. Als er wegen des Malefizverfahrens gegen seine Mutter längere Zeit von Linz abwesend war – den Grund seiner Abwesenheit hielt er natürlich geheim –, konnte sogar das Gerücht Glauben finden, Kaiser Matthias habe einen Preis auf seinen Kopf gesetzt. Er war eben mit seinem Denken und Reden vielen unbequem, so un-

bequem, daß man ihn auch auf keiner Hochschule brauchen wollte, obwohl er so gern nach Tübingen oder Straßburg gegangen wäre. Nur nach Bologna erhielt er einen Ruf, den er aber ablehnte, mit stolzer Berufung auf sein Deutschtum, indem er zurückschrieb: «Ich habe von Jugend an als Deutscher unter Deutschen eine Freiheit im Gebaren und in der Rede genossen, deren Gebrauch mir in Bologna leicht wenn nicht Gefahr, so doch Schmähungen zuziehen würde.»

Wir mußten Keplers Persönlichkeit in einigen Hauptzügen umreißen, weil aus dieser Kenntnis Licht auf das fällt, was er in Wissenschaft und Philosophie geschaffen hat. Keplers Werk kann nur der tiefer erfassen, der auch seine Person und sein Leben kennt, weil in diesem seltenen Mann Wissenschaft, Religion, Leben miteinander aufs engste verflochten aus dem Tiefgrund seiner Persönlichkeit erwuchsen. Für ihn gilt ganz: Wie die Philosophie, so der Mensch.

Wenn wir uns nun die Aufgabe stellen, sein Weltbild nachzuzeichnen, so kann es sich nur darum handeln, die wesentlichen Züge dieses Bildes aufzuzeigen. Es sollen hier nicht seine vielen Einzelleistungen auf den Gebieten der Astronomie, Physik, Optik, Magnetik, Meteorologie und auch Theologie aufgezählt werden. Darauf vielmehr kommt es uns an, wie sein Seherauge die Welt geschaut, was er selber für die Quintessenz seines Schaffens gehalten hat und wie sein Denken und Schaffen in die Entwicklung des geistigen Lebens einzuordnen ist.

Kepler ist der Entdecker der Planetengesetze. Als solcher ist er aller Welt bekannt, und dieser Ruhm bleibt unsterblich. Um die hohe Bedeutung dieser Leistung würdigen zu können, müssen wir uns daran erinnern, was der Mann geschaffen hat, an den Kepler anschließt und den er stets in höchster Verehrung nennt, Kopernikus. Wir kennen seine Tat. Er hat der Erde die Stellung als absoluter Weltmittelpunkt, die sie in der naiven Vorstellung wie bei den früheren Forschern besaß, genommen und gezeigt, wie sich die Erscheinungen am Himmel in einfacherer Weise, als es bisher geschah, erklären lassen, wenn man annimmt, daß sich die Erde um ihre Achse und um die Sonne dreht. Das war eine folgenschwere Erkenntnis, die die Geister im weiteren Verlauf in größte Aufregung versetzte – ein Zeichen, daß etwas Neues im Werden war. Und doch, wenn man in seinem Werke «de Revolutionibus orbium coelestium» liest, ist man überrascht, wie nahe Kopernikus dem von ihm hochgeschätzten Ptolemäus steht. Er tritt an die Natur mit denselben Fragen heran wie dieser. Nur will er im Gegensatz zu dem Alexandriner mit einer Übereinanderlagerung gleichförmiger Kreisbewegungen auskommen, um die Erscheinungen zu retten. Das Axiom, daß nur die gleichförmige Kreisbewegung dauernd in sich zurückkehre, stak so tief in den von der aristotelischen Naturbetrachtung erfüllten Köpfen, daß man an dem Werk des Kopernikus gerade die Leistung, die er mit der Darstellung der Planetenumläufe durch gleichförmige Kreisbewegungen vollbrachte, am ehesten anerkannte, wenn man auch die Erdbewegung aus physikalischen, philosophischen und theologischen Gründen ablehnte. Noch mehr als ein halbes Jahrhundert nach dem Tode des großen Mannes schrieb Tycho Brahe an den jungen, eben aufstrebenden Kepler, man müsse unbedingt die Umläufe der Gestirne aus Kreisbewegungen zusammensetzen, denn sonst würden diese nicht in ewig gleichmäßiger Wiederholung in sich zurückkehren; von einer gleichbleibenden Dauer könnte keine Rede sein. Es zeigt sich hier, daß es Kopernikus nur um eine kinematische Beschreibung der Planetenbewegungen zu tun war; eine physikalische Erklärung, wie wir sie heute verlangen, war ihm völlig fremd.

Kepler hat sich von Jugend an als leidenschaftlicher Vorkämpfer für die kopernikanische Lehre von der Erdbewegung betätigt. Gar bald wurde ihm ihre Bedeutung klar, und er erkannte die weitreichenden Folgerungen, die sie barg. Aber was Kopernikus an Ptolemäus mißfiel, das wurde für Kepler ein Fingerzeig für seine großen Entdeckungen. Er war berufen, jenes Vorurteil von der gleichförmigen Kreisbewegung zu überwinden, und nichts ist schwerer, als eine Vorstellung, die allgemein als Selbstverständlichkeit gilt, aus den Köpfen auszuräumen. Wenn sich der Planet im Aphel langsam und im Perihel schneller bewegt, muß da nicht die Ursache für diese Erscheinung in der Sonne liegen, von der aus die Abstände gemessen sind? Ja, das war es, er fragte nach den Ursachen dieser Bewegung; er trat mit dieser neuen Frage an die Natur heran, und indem er sie löste, setzte er an Stelle der kinematischen Beschreibung der Erscheinungen die dynamische Erklärung. Von der Sonne geht eine Kraft aus, die die Planeten herumführt und die um so schwächer ist, je weiter der Planet von der Sonne entfernt ist. Das ist der Leitgedanke, der ihn weiterführte, als er von Tycho Brahe an die Aufgabe gesetzt worden war, die Marstheorie zu bearbeiten, und erkannt hatte, daß diese Aufgabe nach dem herkömmlichen Verfahren nicht so zu lösen war, daß die Theorie mit den Beobachtungen genügend übereinstimmte. In seiner «Astronomia Nova», die den Untertitel «Physica Coelestis» führt, hat er uns in geradezu dramatischer Form gezeigt, wie ihn dieser Gedanke zu der Erkenntnis führte, daß sich die Planeten auf Ellipsen bewegen und ihre Fahrstrahlen in gleichen Zeiten gleiche Flächenräume bestreichen. Da uns Kepler nicht nur die Ergebnisse seiner Forscherarbeit mitteilt, sondern in den letzten Winkel seiner Gedankenwerkstatt hineinleuchtet und die Geschichte seiner Entdeckung schreibt, sieht man in diesem Werk geradezu Naturerkenntnis wachsen. Hier hat Kepler als erster gezeigt, wie man die Natur abfragen muß, damit sie uns Antwort gibt, gezeigt an einem der schwierigsten Beispiele, so daß sein Werk in doppelter Hinsicht von Bedeutung ist: durch die neue

54

Methode, die er anwendet, und durch die glänzenden Ergebnisse, die er mit dieser neuen Methode gleich bei ihrer ersten Anwendung findet. Man mache sich diese grandiose Leistung klar: Tycho Brahe hatte in mehr als zwanzigjähriger Tätigkeit einen überaus reichen Schatz von Beobachtungen gesammelt. Da standen nun die Zahlen in den Journalen, auf vielen Seiten, und sagten aus, wo der Planet zu den Zeitpunkten der Beobachtungen gerade stand. Ein wirres Durcheinander! Kepler hat aus diesem Chaos eine Ordnung gemacht; er hat das diese Zahlen verbindende Gesetz aufgespürt, so daß nun nicht mehr die eine beziehungslos neben der anderen steht, sondern jede aus jeder berechnet werden kann. Er hat dies geleistet, ehe die zu solcher Arbeit nötige Methode und die erforderlichen Hilfsmittel der Mathematik aufgestellt waren; er mußte die neuen Aufgaben, die er sich stellte und die auf schwierige Integrationen führen, aufs mühsamste durchrechnen. Das Ziel, das ihm vor Augen schwebte, drückt er in bemerkenswerter Klarheit aus mit den Worten: «Mein Ziel ist es zu zeigen, daß die himmlische Maschine nicht eine Art göttlichen Lebewesens ist, sondern gleichsam ein Uhrwerk, insofern nahezu alle die mannigfaltigen Bewegungen von einer einzigen ganz einfachen magnetischen körperlichen Kraft besorgt werden, wie bei einem Uhrwerk alle Bewegungen von dem einfachen Gewicht. Und zwar zeige ich auch, wie diese physikalische Vorstellung rechnerisch und geometrisch darzustellen ist.» In diesen Worten hat Kepler die große Aufgabe der Disziplin formuliert, die hinfort seit ihm die Himmelsmechanik genannt wird und die stets als einer der schönsten Triumphe des menschlichen Geistes galt. Hier tritt zum erstenmal das seither so oft gebrachte Bild vom Uhrwerk auf, und ich weiß nicht, ob vor Kepler schon einmal jemand von einer machina coelestis gesprochen hat.

Wenn man solche Worte hört, könnte man glauben, der sie sprach, hätte sich das Ziel gesetzt, die Natur ganz dem

Spiel physikalischer Kräfte, wie wir heute sagen, auszu-
liefern. Und doch, wie fern lag Kepler ein solches Ziel!
Die Arbeit an der «Astronomia Nova» mitsamt der Entdeckung der Planetengesetze war, wenn man so sagen
will, nur ein freilich recht gewaltiges Intermezzo in Keplers Lebensarbeit. All das, was er hier schuf, war für ihn
keineswegs Selbstzweck, sondern ein Mittel zur Verwirklichung eines höheren Zieles. Er sah denn auch darin
nicht die höchste Leistung, die er vollbracht hat; seine
Entdeckung war für ihn die nötige Vorarbeit zu dem, was
seinem suchenden Geiste von Jugend an als Höchstes vor-
schwebte, zu seiner Weltharmonik. Nicht mechani-
sieren wollte er letzten Endes, sondern die Gedanken
Gottes nachdenken, den göttlichen Schöpfungsplan aufdecken, in dem für ihn jener Mechanismus nur ein Mittel
ist, um die von Gott gewollten harmonischen Proportionen in den Gestirnbewegungen zu erreichen. Darin erblickte er den Gipfel seiner Lebensarbeit, und wer Keplers
Geistesleben kennenlernen will, muß hierauf den größten
Nachdruck legen.
In seinem Jugendwerk, dem «Mysterium cosmographicum», enthüllt er uns die Wurzel all seines Suchens und
Strebens. Warum gibt es gerade sechs Planeten (im
kopernikanischen Sinn)? Warum sind ihre relativen Abstände gerade so groß, wie sie die Erfahrung liefert?
Warum halten sie die Geschwindigkeiten ein, die wir am
Himmel beobachten? Das sind die Fragen, mit denen er
an die Natur herantritt, durch deren Beantwortung er das
kopernikanische Weltbild aus einem Bewegungsspiel zu
einem höchst planvoll geordneten Kunstwerk des all-
mächtigen und allweisen Schöpfers umgestalten will.
Nach langem vergeblichem Suchen glaubte er den Grund-
riß des Schöpfungsplans in den platonischen regulären
Körpern gefunden zu haben, deren es nur fünf gibt und
die er in die fünf Zwischenräume zwischen den · sechs
Planeten so einschiebt, daß jeweils die Sphäre eines

56

Planeten zur umbeschriebenen und die des nächstinneren zur einbeschriebenen Kugel eines dieser Körper wird. Merkwürdigerweise stimmen bei geeigneter Anordnung der Körper die beobachteten relativen Abstände der Planeten von der Sonne mit den aus diesem Bild berechneten leidlich überein, wenn man noch den Sphären je eine der Exzentrizität der Planetenbahn entsprechende Dicke gibt. Doch die Zahlen stimmten nicht genau. Das konnte, wie Kepler dachte, seine Ursache nur in den ungenügenden Beobachtungsunterlagen haben. Er kam zu Tycho und fand hier diese Unterlagen. Da galt es nun zunächst, aus diesen Unterlagen die Abstandsverhältnisse und Geschwindigkeiten zu berechnen. Wie gründlich Kepler diese Aufgabe gelöst und wie er dabei seine Gesetze gefunden hat, das ist der Gegenstand, den ich soeben behandelt habe. Jahrelang dauerte die Arbeit. Sein unbedingter Wahrheitssinn verlangte, daß die Lieblingsspekulationen hinter diese Arbeit zurücktraten. Als diese mit so großem Erfolg vollbracht war und sich seine Lebensverhältnisse, die eben um jene Zeit recht düster wurden, wieder erhellt hatten, da griff er zurück auf seine alten Pläne; die alten Fragen kamen wieder über ihn. Immer tiefer bohrte er sich in sie hinein; immer höher begeisterte er sich an der Schau, die sich seinem geistigen Auge enthüllte. Alles, was ihm die Geometrie über die regelmäßigen ebenen Figuren und Körper zu sagen wußte, was ihn die Harmonielehre und Psychologie über Töne, Akkorde, Tongeschlechter, über Melodie und Kontrapunkt lehrte, was er sich an vollkommenen Einsichten in die Bewegungen der Planeten erarbeitet hatte, all das zog er zusammen, und von stärkstem metaphysischem Drang getrieben, von dem unbeirrbaren Glauben an eine absolute Schönheit des Weltalls und deren Erkennbarkeit getragen, komponierte der schwäbische Platoniker aus diesen Elementen eine in sich geschlossene Weltansicht, die wir nur mit einer gewaltigen symphonischen Dichtung vergleichen können. Die Idee der Sphärenharmonie beherrschte sie, und er suchte diese Harmonien bis ins einzelnste in den Geschwindigkeiten der Planeten zu ergründen. Nach mannigfachen Versuchen setzte er die kleinste und größte Geschwindigkeit eines einzelnen Planeten, also die Geschwindigkeiten im Aphel und Perihel in Beziehung zueinander und ordnete diesen Verhältniszahlen die ihnen entsprechenden Tonintervalle zu. Es ergab sich für Saturn das Verhältnis 4/5, d. i. eine große Terz, für Jupiter 5/6, eine kleine Terz, für Mars 2/3, eine Quint, für die Erde 15/16, ein Halbton, für Venus 24/25, eine Diesis, für Merkur 5/12, eine Oktave mit kleiner Terz. Dann aber verglich er auch die Extreme der Bewegungen je zweier Planeten miteinander und fand hier harmonische Intervalle; auch in Zwischenstellungen können sich solche Harmonien einstellen. In der Beziehung zwischen den Bewegungen von Erde und Venus findet er gar die beiden Tongeschlechter Dur und Moll verwirklicht. Setzt also Saturn im Aphel mit dem tiefsten Ton der Weltenorgel ein, etwa mit Subcontra G, so steigt er um eine große Terz bis H im Perihel. Jupiter beginnt dann (nach Maßgabe seines geringeren Abstandes von der Sonne) im Aphel um eine Oktave höher mit Contra-H und steigt um eine kleine Terz bis D. Es folgt Mars in der nächsten Oktav mit F und steigt um eine Quint bis C, und so geht es weiter. So ertönt die himmlische Musik, freilich nicht dem sinnlichen Ohr vernehmbar, sondern nur dem geistigen Ohr dessen, der die hohen Werke Gottes in ihrem Aufbau zu durchschauen vermag. Kepler selber war von dieser Schau so begeistert, daß er das letzte Buch seiner Weltharmonik mit einem hymnischen Gebet voll des höchsten Schwungs und der tiefsten Inbrunst beschließt.

Damit ist für Kepler das Reich der Sonne und ihrer Trabanten in der von Gott gesetzten Ordnung erkannt. Und die Fixsterne? Welche Rolle spielen sie in seinem Weltbild? Bereits hatten Nicolaus Cusanus und Giordano

Bruno die Unendlichkeit der Welt gelehrt und die Fixsterne als Sonnen über den unendlichen Raum hin verteilt. Kepler kann mit diesem unendlichen Raum nichts anfangen; denn hier versagen die wohlgeordneten Proportionen, in denen er, in griechischem Geist denkend, die Vollkommenheit sieht. («Certe equidem vaganti per illud infinitum bene non est.») So denkt er sich die Fixsterne in sehr großen nicht allzu verschiedenen Entfernungen von der Sonne so angeordnet, daß sie «wie eine Mauer oder ein Gewölbe» eine kugelförmige Höhlung umschließen, in deren Mitte die Sonne steht und um die herum die Gesamtheit der Fixsterne in Form einer Kugelschale angeordnet ist.

Das also ist Keplers astronomisches Weltbild. Die Sonne steht im absoluten Mittelpunkt der Welt. Sie ist das Herz der Welt, die Quelle des Lichts und der bewegenden Kraft. Um sie herum sind die sechs Planeten angeordnet. Das Gerüst für diese Anordnung liefern die regulären Körper. Die Sonne führt die Planeten in ihren Bahnen herum. Diese Bahnformen und die durch den Flächensatz bestimmten Geschwindigkeiten sind vom Schöpfer so normiert, daß sich in ihnen die harmonischen Intervalle verwirklichen, die ihrerseits ihren Ursprung aus den ebenen konstruierbaren regelmäßigen Vielecken ableiten. Vom Schöpfungstage an, da der sechsstimmige Akkord mit dem vollen Einsatz aller Stimmen in voller Harmonie zum erstenmal erklang, durchbrausen die Harmonien so lange die Welt, bis sich nach langer, langer Zeit alle Stimmen wieder zu dem ersten Akkord vereinigen. Und diese Welt wird durch die Fixsterne nach der vollkommensten Figur, der Kugel, umgrenzt und umschlossen. Das Ganze aber, der Kosmos, die schönste Welt ist in dieser Ordnung ein Abbild der Heiligen Dreifaltigkeit. Denn, so sagt er, «wie die Sonne inmitten der Wandelsterne steht, selber ruhend und doch Quelle der Bewegung, zeigt sie das Abbild Gottes des Vaters, des Schöpfers. Denn was bei Gott die Schöpfung ist, das ist bei der Sonne die Bewegung. Und wie der Vater der Schöpfer ist im Sohn, so ist die Sonne das Bewegende innerhalb der Sphäre der Fixsterne. Denn wenn nicht die Fixsterne durch ihre Ruhe einen Raum schafften, so könnte nichts bewegt werden. Die Sonne aber teilt die Bewegungskraft durch den Zwischenraum hin aus, in dem sich die Wandelsterne befinden, wie der Vater als Schöpfer tätig ist durch den Geist, oder in Kraft seines Geistes».

Der deutsche Pythagoras! So müssen wir ausrufen, wenn wir uns dieses Weltbild vor Augen halten. Es ist aber nicht nur der Gedanke der Sphärenharmonie, der Kepler mit Pythagoras verbindet. Die Verwandtschaft ist eine tiefere. Kepler fühlt und weiß sich nicht nur als Astronom und Mathematiker, sondern in erster Linie auch als Philosoph. Wohl hatte er keine rein philosophischen Schriften verfaßt noch seine Ansichten in systematischer Form entwickelt. Allein fast alle seine großen Werke wie auch viele seiner Briefe enthalten eine solche Fülle philosophischer Gedanken, sein ganzes Suchen und Schaffen erwächst so tief aus philosophischem Urgrund, daß er in der Geschichte der Philosophie einen selbständigen Platz beanspruchen darf. Er sagt in der Einleitung zur «Astronomia Nova» von sich selber: «Sobald ich nach meinem Alter die Süßigkeit der Philosophie kosten konnte, habe ich sie als Ganzes mit ungeheurer Begierde erfaßt.» Die Quelle, aus der er schöpfte, war die Gedankenwelt Platons und der Neuplatoniker, zumal die des Proklus, den er oft erwähnt. Das erklärt sich nicht nur aus der philosophischen Haltung der Renaissance, sondern auch aus seiner eigenen geistigen Veranlagung.

Die Skizzierung des Keplerschen Weltbildes läßt vor allem die fundamentale Bedeutung erkennen, die Kepler der Größe, der Zahl, der Mathematik zuweist. Zahllos sind die Stellen, an denen sich Kepler hierüber ausspricht, und wir müssen hierin eine seiner Hauptleistungen sehen. Er

60

hat damit bewußt die ehedem herrschende aristotelische Auffassung bekämpft und überwunden, welche die Dinge durch Aufzählung ihrer Qualitäten zu erfassen gesucht hatte. An die Stelle des «so oder anders» setzt er die Unterscheidung «größer oder kleiner». Er drückt schon in jungen Jahren seinen Standpunkt aus mit den Worten: «Gott, der alles in der Welt nach der Norm der Quantität begründet hat, hat auch dem Menschen einen Geist verliehen, der diese Normen erfassen kann. Denn wie das Auge für die Farbe, das Ohr für die Töne, so ist der Geist des Menschen für die Erkenntnis nicht irgendwelcher beliebiger Dinge, sondern für die Erkenntnis der Größe geschaffen. Er erfaßt eine Sache um so richtiger, je mehr sie sich den reinen Quantitäten als ihrem Ursprung nähert. Je weiter sich aber etwas von diesen entfernt, desto mehr Dunkelheit und Irrtum tritt auf.» Es ist nicht notwendig, darauf hinzuweisen, wie die Physik in ihrer weiteren Entwicklung bis heute sich diesen Grundsatz zu eigen gemacht und alle Qualitäten der Dinge auf Quantitäten zurückzuführen und damit die Erscheinungen der mathematischen Behandlung zugänglich zu machen sich bemüht hat. Kepler war sich freilich der letzten Folgerungen aus seinem Prinzip nicht bewußt, wie schon Leibniz bemerkt hat, der von Kepler dasselbe Wort gebraucht, das dieser einst mit Bezug auf Kopernikus ausgesprochen hatte: «Kepler weiß nicht, wie reich er ist.»

Hat Kepler bei der Aufsuchung der Planetengesetze die Mathematik ganz in der Weise angewandt, wie wir das heute tun, so dürfen wir doch nicht übersehen, daß seine Auffassung von der Mathematik und der Naturerkenntnis mit Hilfe der Mathematik letzten Endes eine ganz andere ist als die heute gültige. Immer wieder stoßen wir auf die merkwürdige Polarität in Keplers Wesen. Seine Auffassung von der Mathematik ist eine ontologische. Für ihn existieren die mathematischen Gestalten als Urbilder im Geiste Gottes von Ewigkeit her. Und da Gott den

Menschen nach seinem Ebenbild geschaffen hat, vermag der Mensch in der Natur die geometrischen, harmonischen Gebilde, nach denen die Natur geschaffen worden ist, wiederzufinden. So heißt für Kepler Natur erkennen soviel wie die Gedanken Gottes nachdenken. Ein Beispiel: die Terz, die durch das Verhältnis 4/5 bestimmt ist, bildet deswegen einen Wohlklang, weil eine zu einem Kreis umgebogene Saite in diesem Verhältnis geteilt werden kann. Die Konstruierbarkeit des regelmäßigen Fünfecks ist für Kepler eine metaphysische Gegebenheit, wie er andererseits die nicht konstruierbaren Vielecke, so das Sieben-, Neuneck usw. schlechterdings als non-entia bezeichnet. Von den vielen Stellen, an denen Kepler seine Auffassung von der Mathematik darlegt, sei eine aus seiner «Weltharmonik» angeführt, die tief in seine Erkenntnistheorie hineinleuchtet: «Wenn der Geist nie eines Auges teilhaftig gewesen wäre, so würde er sich zur Begreifung der außer ihm gelegenen Dinge das Auge fordern und die ihm selbst entnommenen Gesetze zu seiner Bildung vorschreiben; denn das zugleich mit dem Geist gewordene Erkennen der Quantitäten gibt an, wie das Auge sein muß, und deshalb ist das Auge so beschaffen, weil der Geist ein solcher ist, nicht umgekehrt. Denn die Geometrie – vor der Entstehung der Dinge von Ewigkeit zum göttlichen Geist gehörig, Gott selbst (denn was ist in Gott, das nicht Gott selbst wäre) – hat ihm die Urbilder für die Erschaffung der Welt geliefert und mit dem Bild Gottes ist sie in den Menschen übergegangen, also nicht erst durch die Augen in das Innere aufgenommen worden.» Die Vorstellung, daß die mathematischen Dinge mit der äußeren Welt verflochten sind, bringt es mit sich, daß Kepler ganz wie die Griechen geometrisch in Größen, nicht in Zahlen denkt und mit der eben in jener Zeit namentlich durch Vieta geförderten Coss, der Algebra, nichts anzufangen weiß. So treibt er nicht reine Mathematik, nicht Mathematik um ihrer selbst willen, sondern

nur insofern diese in der Welt abgebildet ist. So sagt er
einmal: «Ich habe meinen Geist nicht mit Spekulationen
über die abstrakte Mathematik, d. h. mit Bildern von
seienden und nichtseienden Dingen (picturis καὶ τῶν
ὄντων καὶ μὴ ὄντων) erfüllt, mit denen fast allein heut-
zutage die berühmtesten Mathematiker die Zeit verbrin-
gen; ich habe vielmehr die Geometrie mittels der Weltkörper selber erforscht, indem ich den Spuren des Schöpfers mit äußerster Anstrengung folgte.»
In seiner ontologischen Auffassung der Mathematik folgt
Kepler den Gedanken des Nikolaus von Cusa, den er
hoch verehrt – er gibt ihm das Epitheton «divus» –, von
dem er auch zu jenem oft wiederholten Vergleich der Kugel
mit der Hl. Dreifaltigkeit angeregt wurde. Man findet
bei Cusanus Stellen, die in überraschender Weise an
Keplersche Worte anklingen, so wenn er sagt, daß alles,
was nicht unter den Begriff der Vielheit und der Größe
falle, von uns nicht erfaßt oder präzis erkannt werden
könne, oder wenn er die Mathematik ein aenigma ad
venationem operum Dei, ein Gleichnis für die Erkenntnis
der Werke Gottes nennt, oder wenn er lehrt, daß im
Geiste des Schöpfers die Zahlen das Urbild der Dinge
sind. Es ist nicht nur die beiden gemeinsame Beziehung
zu Proklus, die diese Übereinstimmung begründet, sondern die innige geistige Verwandtschaft, welche zwischen
den beiden Männern besteht.
Ganz anders ist jedoch Keplers Verhältnis zu seinem Zeitgenossen Galilei, dessen Lebenswerk für die weitere
Entwicklung des naturwissenschaftlichen Denkens von
so großer Bedeutung geworden ist. Zweimal setzte zwischen den beiden Männern ein Briefwechsel ein; aber sie
waren zu verschieden in ihrem Denken wie in ihrem Charakter, als daß ein dauernder Verkehr sich hätte ent-
wickeln können. Galilei hat auf diese Verschiedenheit
selber hingewiesen, als er die Nachricht vom Tode Keplers
erhielt. Der tiefste Gegensatz zwischen beiden Männern

liegt auf philosophischem Gebiet. Während sich Kepler ganz der platonischen Auffassung der Mathematik hingab und in der geometrischen Erkenntnis durch den menschlichen Geist einen Grund für dessen Ebenbildlichkeit mit dem göttlichen Wesen erblickte, liefert für Galilei die Mathematik Ordnungsschemata, die es gestatten, den Ablauf der physikalischen Erscheinungen zu beschreiben. Bekannt ist sein Wort: «Das Buch der Natur ist in mathematischer Sprache geschrieben und die Schriftzüge sind Dreiecke, Kreise und andere geometrische Figuren, ohne deren Hilfe es unmöglich ist, auch nur ein Wort zu verstehen.» Sosehr diese Worte in der Form an Keplersche Gedanken anklingen, so liegt doch eine tiefe Kluft zwischen dem Geist, aus dem sie stammen, und dem Geist Keplers, wenn er sagt: «Also daß es einer aus meinen Gedanken ist, ob nicht die ganze Natur und alle himmlische Zierlichkeit in der Geometrie symbolisiert sey.» Wenn wir Kepler den deutschen Pythagoras nennen, müssen wir Galilei mit Demokrit vergleichen.

Auf der gleichen Linie wie Galilei steht Newton. Er hat das allgemeine Gravitationsgesetz aufgestellt und gezeigt, wie sich aus ihm auf mathematischem Weg die Keplerschen Gesetze ableiten lassen. Er hat damit das nächste Ziel der Himmelsmechanik erreicht, das, wie wir oben sahen, bereits Kepler in unerhört klarer Fassung formuliert hatte. Freilich, wenn man häufig liest, Newton habe damit erst die Keplerschen Gesetze bewiesen, so ist dies ein recht fataler logischer Irrtum. Denn ein Naturgesetz kann eben im Sinn der klassischen Physik doch nur aus der Erfahrung bewiesen werden, indem man untersucht, ob die Folgerungen, die sich aus dem Gesetz ergeben, mit den Tatsachen der Beobachtungen im Einklang stehen. Daher bilden gerade umgekehrt die Keplerschen Gesetze, insofern sie mathematische Folgerungen des Gravitationsgesetzes sind, den tatsächlichen Beweis für die Gültigkeit des Gesetzes im Bereich des Sonnensystems. Auf die Kritik

Hegels an dem Gravitationsgesetz, der in ihm letzten Endes nichts als eine Tautologie erblickt, durch die unsere Erkenntnis nicht vom Fleck komme, wollen wir hier nicht eingehen. Jedenfalls zeigte auch Newton ganz im Gegensatz zu Kepler eine große Scheu gegen alle Metaphysik, die ihn in seinen «Principia» (Def. VIII) zu der Erklärung veranlaßte, daß er seine Kräfte «non physice sed mathematice tantum» betrachten und gebrauchen wolle. Damit hat er, als echter Nominalist, den Begriff der Kraft, der doch unbedingt nach unseren Empfindungen bei Muskelbewegungen gebildet wurde, zu einem leeren Wort, einem Nomen gemacht. Die spätere Naturforschung ist ihm hierin gefolgt. Man spricht von Kraft, Energie, Arbeit, Masse und stempelt diese Begriffe zu reinen Rechenwerten und idealen Fiktionen und verbietet an das zu denken, was diese Worte im gewöhnlichen Sprachgebrauch bedeuten, obwohl man sicherlich bei der Einführung dieser Begriffe selber an das gedacht hat, so daß dieser metaphysikscheue Positivismus schließlich dazu geführt hat, daß man sich unter den mathematischen Formeln und physikalischen Begriffen überhaupt nichts mehr denken kann, ohne sich der Kritik der mathematischen Physiker auszusetzen.

Während Newton auf der letzten Seite seiner Principia das berühmte Wort ausspricht: «Hypotheses non fingo», fängt für Kepler die Hauptarbeit erst da an, wo Newton aufhört. Für Newton ist es gleichgültig, ob es sechs oder neun oder sonst eine Anzahl von Planeten gibt, ob ihre Abstände von der Sonne so oder so groß sind, und die Größe der Exzentrizität der Bahnellipsen ist für ihn die Folge aus gewissen Anfangsbedingungen, die als Konstanten bei der Integration seines mathematischen Ansatzes auftreten und aus der Erfahrung einfach hingenommen werden. Für Kepler bildet aber die Erklärung dieser Konstanten gerade die Hauptsache. Er will ja in seiner Harmonik die Gründe aufdecken, warum die Geschwindigkeit in den Apsiden bei jedem Planeten, warum die Abstände von der Sonne gerade die von der Erfahrung gelieferten Werte haben, warum die Zahl der Planeten gerade sechs ist. Für ihn sind, wie wir bereits gesehen haben, die Planetengesetze die Mittel, deren sich Gott zur Verwirklichung seines harmonischen Weltplans bediente, und die Aufdeckung dieser Gesetze ist nur die Vorarbeit zu der viel größeren Aufgabe, diesen Weltplan selber zu ergründen, soweit es dem menschlichen Geist gestattet ist. Nie hätte sich Kepler mit einem rein mathematisch definierten Kraftbegriff begnügt. Wenn er als erster davon spricht, daß die Bewegungen der Planeten von einer in der Sonne ruhenden Kraft bewirkt werden, und damit die Newtonsche Konzeption angeregt hat, so betrachtet er diese Kraft nicht als ein Etwas, mit dem man rechnen kann, sondern als eine Wirklichkeit, als eine Spezies, die gleichwie das Licht von der Sonne ausströmt; indem sich die Sonne um ihre Achse drehe, reiße sie mit ihren Kraftlinien alle Massen herum, die sich in ihrer Umgebung befinden. Wenn aber diese Kraft nicht ausreicht, um alle Erscheinungen der Planetenbewegungen zu erklären, nun, dann greift er wieder zurück auf die Vorstellung einer Erd-seele, die ihn von Anfang an erfüllt und die er nie aufgegeben hat. Man hat schon öfters darauf hingewiesen, daß Kepler in seinem «Mysterium cosmographicum» von der Seele der Sonne als der Ursache der Bewegungen gesprochen, in seiner zweiten Auflage dieses Werkes fünfundzwanzig Jahre später aber bemerkt habe, an Stelle des Wortes «Seele» sei das Wort «Kaft» zu setzen. Dies ist vollkommen richtig. Wenn man aber damit glauben machen will, Kepler habe hier überhaupt das animistische Prinzip zur Erklärung der Naturerscheinungen beseitigen wollen, so kann man darin nur einen Versuch erblicken, vom heutigen Standpunkt aus verfehlte Anschauungen Keplers entschuldigen zu wollen – was aber Kepler gar nicht nötig hat.

Kepler hat immer und zu allen Zeiten an eine Erdseele geglaubt. Ja, der Gedanke einer Erdseele ist eine Lieblingsidee von ihm, die er bei jeder Gelegenheit in seinen wissenschaftlichen Werken wie in seinen Prognostiken und Briefen zum Ausdruck bringt und mannigfach variiert. Die Erde mit allem, was auf ihr wächst und sich bewegt und lebt, ist ihm ein lebendiger Organismus, und er gefällt sich darin, die Wirkung der Erdseele bis ins einzelnste auszumalen. So sind ihm alle meteorologischen Erscheinungen, Wolken, Regen, Gewitter, Äußerungen dieser Seele; die konstante Wärme der Erde, die Bildung der Metalle und der Minerale, die Entstehung der Flüsse, die vulkanischen Erscheinungen, all das betrachtet er als Zeugnisse für seine Erdseele. Als Anhänger der Urzeugung läßt er auch alle möglichen Lebewesen, Mücken, Flöhe, Heuschrecken, aber auch alle Monstra in den Meeren aus der Facultas formatrix der Erdseele entstehen, die ebenso in der Bildung von Fossilien in Form von Fischen, Schiffen, Königen, Priestern und Soldaten ihr Spiel treibe. «So sagen nun die Natürliche Meister, was sie wöllen, in der Erde steckt auch ein sehl, die dieses alles würcket.» An einer anderen Stelle vergleicht er die Hohlräume im Erdinnern mit einer Küche: «In dieser Kuchel sitzet ein Koch der heisset Natura sublunaris, ich heiß ihne Animam Terrae, ich achte es sey eben der, welchen Theophrastus Paracelsus Archeum genennet.» Ein anderes Mal beruft sich Kepler für seine Anschauung von einer Erdseele auf Timäus und Proklus und – auf die Erfahrung.
Um dies zu verstehen, müssen wir hier einige Worte über seine astrologischen Ansichten sagen. Kepler, der Jahr für Jahr genaue Wetterbeobachtungen anstellte, war überzeugt, daß diese Beobachtungen eine Abhängigkeit des Wetters von den Gestirnstellungen, den Aspekten, erkennen lassen. Wenn nun diese «Himmlische Aspekte auf gewisse Täge einfallen, so hat jener Koch sein auffmercken auf dieselbige, als gleichsam auff sein Uhr oder

er empfindet derselben als gleichsam eines Hungers; Dero-
wegen er anfahet aufzuhaitzen.» Die Erdseele besitzt einen
instinctus geometricus, der sie befähigt, die harmonischen,
d. h. die den konstruierbaren regulären Vielecken entsprechenden Aspekte wahrzunehmen und auf sie zu rea-
gieren. «Wenn die himmlische Würckung in den Erdboden durch eine Harmoniam oder stille Musicam
khumpt, so muß in dem Erdboden nicht nur die thumme
unverständliche Feuchtigkeit, sondern auch eine verständlich sehl stecken, wölliche anfahe zu dantzen, wen ir
die Aspekt pfeiffen.» Wie die Erdseele so wird auch die
menschliche Seele durch die Aspekte beeinflußt. Kepler
kämpft scharf an gegen die Astrologia judiciaria und
lehnt es aufs entschiedenste ab, künftige Einzelereignisse,
futura contingentia, aus den Gestirnstellungen ableiten zu
wollen. Er tadelt es einmal, daß sich «sonderlich die
Teutsche vergaffte ingenia» von einem ausländischen
Astrologen haben «vexieren» lassen. Andererseits ist er
erfüllt von dem Glauben, daß der menschlichen Seele
bei der Geburt durch die augenblickliche Konstellation
eine gewisse Form eingeprägt wird, die die Menschen
nicht determiniert, ihnen aber die Richtung weist und die
neben der Veranlagung, der Erziehung und Umgebung
den Charakter mitbestimmt.

Wir können das alles, was Kepler über die Erdseele sagt,
nur richtig verstehen, wenn wir uns daran erinnern, daß
das ganze philosophische Denken seiner Zeit, auf Aristoteles fußend, ein animistisches Prinzip zur Erklärung der
Naturerscheinungen benötigte. Agrippa von Nettesheim,
Paracelsus, Cardanus, Giordano Bruno, sie alle reden, so
verschieden ihre philosophische Stellung und Bedeutung
sein mag, von einer Seele, um die Wirkungen zwischen
den Einzeldingen zu erklären. Die Idee lag in der Luft,
als sich Kepler in jungen Jahren daran machte, das philosophische Gedankengut seiner Zeit in sich aufzunehmen.
Aber er blieb bei dem nicht stehen, was er vorfand. Er

sprach nicht mehr im allgemeinen von einer Weltseele, die das All trägt und hält, von Antipathie und Sympathie als den Grundkräften der Natur. Er geht ins einzelne, er spricht nur von einer Erdseele, er weist den Gedanken zurück, als ob die Planeten von Geistern bzw. Engeln umgetrieben würden; er definiert genau, was unter Erdseele zu verstehen ist, und zeigt, wie sich diese Seele von den Pflanzen- und Tierseelen unterscheidet. Er wägt gerade bei der Erklärung der Planetenbewegungen sorgfältig ab, was von «körperlichen Kräften», wie er sich ausdrückt, geleistet werden kann und was als Betätigung einer Seele betrachtet werden muß. Gerade in der «Astronomia Nova» und in der «Epitome» sehen wir ihn den Übergang von dem animistischen Prinzip zum Kraftbegriff vollziehen.

Wir müssen uns von der uns angewöhnten Newtonschen Denkweise frei machen, um die ganze Feinheit der Fragen zu verstehen, die er sich hier immer wieder stellt: Wie kann der Planet im leeren Raum ohne Merkzeichen seine geometrisch genau vorgeschriebene Bahn finden? Wie vollzieht sich die Regelung seiner Geschwindigkeit nach dem Flächensatz? Braucht man zur Erklärung dieses oder jenes Bewegungsvorgangs eine animalische Fähigkeit, oder genügt die körperliche Kraft? Wobei er immer möglichst weitgehend mit dieser auszukommen sucht. Es gibt keine geeignetere Lektüre, um uns die Voraussetzungen, die wir bei Anwendung des Kraftbegriffs machen, zum Bewußtsein zu bringen. Eine erhöhte Bedeutung gewinnen diese Überlegungen gerade heute, wo man sich wiederum vor eine Grenze gestellt sieht, nachdem man in unerhörter Geistesarbeit die Grundsätze des mechanistischen Denkens bis zu den letzten Konsequenzen verfolgt hat. Man hat die ganze sinnlich erfahrbare Welt in Wirkungsquanten aufgelöst und dann plötzlich erfahren müssen, daß diesen gegenüber jene Grundsätze versagen. Und um die auftretenden Schwierigkeiten zu

überwinden, wissen Männer wie Eddington, Jeans u. a. keinen anderen Ausweg, als ein seelisches Prinzip anzunehmen, um die leeren letzten Formen auszufüllen, die uns die Physik darbietet. Ist es nicht so, wie wenn auf einer viel, viel höheren Ebene, nach der Vollendung des physikalischen Gedankenbaus, dieselbe Frage wieder auftauchte, die Kepler bei der Grundlegung beschäftigte, nämlich die Frage nach den Grenzen mechanischer Erklärbarkeit der physikalischen Erscheinungen. Man wird hier um so eher an Kepler erinnert, wenn man liest, daß gerade Eddington, der heutige Inhaber von Newtons Professur in Cambridge, anläßlich des 300. Todestages von Kepler geschrieben hat: «Erst in den letzten Jahren sind wir wieder zu etwas Ähnlichem wie Keplers Weltansicht zurückgekehrt, so daß die Sphärenmusik nicht mehr länger durch das Dröhnen der Maschinen übertönt wird.»
Noch müssen wir einen Zug der Keplerschen Naturbetrachtung wegen seiner großen Bedeutung besonders erwähnen, es ist der teleologische Gedanke. Er klingt heraus aus allem, was wir bisher von Keplers Denken und Schaffen gesagt haben; er findet überall in seinen Werken und Briefen beredten Ausdruck. Dieser Gedanke ist es besonders, der uns bei der Begegnung mit Kepler so warm umfängt. «Gott hat nichts planlos (temere) geschaffen», das ist sein Grundsatz. Gott schuf die schönste Welt und machte die Erde zum Wohnplatz des Menschen und stellte diesem die Aufgabe, kraft seines Verstandes den göttlichen Schöpfungsplan in seiner Schönheit zu erforschen. Die Begriffe Gott, Welt, Mensch werden durch die Begriffe Urbild, Abbild, Ebenbild miteinander verbunden. Die Mannigfaltigkeit der Erscheinungen ist nur deswegen so groß, damit dem Menschen der Stoff zur Betätigung seiner Geisteskraft nie ausgeht und er nie Überdruß empfindet. «Alles ist des Menschen wegen da», sagt er bereits in seinem Jugendwerk, und dieses Motiv klingt aus allen seinen Schriften heraus. Dabei darf man aber nicht an den

gemeinen Nutzen denken. Nein, wie der Vogel zum Singen, so ist der Mensch zum Erkennen geschaffen, denn, sagt er, «unser Bildner hat zu den Sinnen den Geist gefügt, nicht bloß damit der Mensch sich seinen Lebensunterhalt erwerbe – das können viele Arten von Lebewesen mit ihrer unvernünftigen Seele viel geschickter –, sondern auch dazu, daß wir vom Sein der Dinge, die wir mit Augen betrachten, zu den Ursachen ihres Seins und Werdens vordringen, wenn auch weiter kein Nutzen damit verbunden ist.» Mit der Erkenntnis stellt sich die Tugend ein. «Denn es ist unmöglich», schreibt er in einem Brief, «daß die Tugend aus einem Herzen verbannt ist, in dem die Liebe zur Wissenschaft und die Bewunderung der Werke Gottes ihren Sitz aufgeschlagen hat. Wenn sich der Geist dazu verstanden hat, das, was Gott gemacht hat, zu betrachten, versteht er sich auch dazu, das zu tun, was Gott geboten hat. Würde dies bei allen erreicht sein, so wäre dem menschlichen Geschlecht nichts mehr zu wünschen, als daß alle Menschen auf dem ganzen Erdkreis in einer Stadt beisammen wohnten und fern von jedem Streit schon in dieser Welt aneinander Freude hätten, wie wir es von der künftigen erhoffen.»

Wir finden in den Gedanken Keplers ganz die Geisteshaltung wieder, die Mystik und Theologie dem christlichen Menschen des Mittelalters einzuprägen sich zur Aufgabe setzte. Diese Haltung aber wurde durch die kopernikanische Lehre bedroht. Denn diese Lehre hatte in ihrer weiteren Entwicklung erhebliche weltanschauliche Schwierigkeiten im Gefolge. Der christliche Glaube, der lehrt, daß der Sohn Gottes Mensch geworden ist und auf dieser Erde seine Erlösungstat vollbracht hat, macht damit diese Erde zu einem einzigartig bevorzugten Teil der sichtbaren Welt und bietet damit der naiven anthropozentrischen Auffassung eine gewaltige Stütze. Und nun soll, wie schon Giordano Bruno in Erweiterung der kopernikanischen Lehre geschlossen hatte, diese Erde nur ein Stäubchen im All, eine winzige Begleiterin der Sonne sein, die selber als Stern unter unzähligen anderen Sternen in irgendeinem verlorenen Winkel der unendlichen Welt ihren Sitz hat? Kepler empfand diese Schwierigkeit aufs lebhafteste. Daher seine Abneigung gegen die unendliche Welt Brunos, daher sein Bemühen, die Entfernung der Fixsterne oder, wie er sagt, den Durchmesser der Fixsternsphäre zu bestimmen. Denn, sagt er, «müßte ich glauben, daß die Entfernung der Fixsterne im Verhältnis zur Entfernung der Sonne schlechterdings nicht zu berechnen ist, so würde mir dieses eine Argument bei der Verteidigung des Kopernikus mehr zu schaffen machen als die übereinstimmende Anschauung von tausend Generationen.» Er sucht den anthropozentrischen Standpunkt dadurch zu retten, daß er sagt, die Würde der einzelnen Dinge richte sich nicht nach deren Größe. Wie er diesen Gedanken in einem Brief an den bayrischen Kanzler Herwarth von Hohenburg ausführt, das mitzuteilen kann ich mir nicht versagen: «Man beachte die Analogie: Wo die Größe überwiegt, geht die Bedeutung zurück. Wo das Ausmaß kleiner ist, tritt dafür erhöhte Würde auf. Die Fixsternsphäre ist die größte, aber sie ist bewegungslos, träge. Es folgt die bewegliche Welt; sie ist zwar kleiner, aber um so bedeutender, da sie eine so bewunderungswürdige und wohlgeordnete Bewegung erhalten hat. Aber dieser Teil der Welt kann nicht denken, keine Schlüsse ziehen, ist nicht mit einer vegetabilischen Seele ausgestattet; er bleibt derselbe, wie er geschaffen worden ist. Nun kommt dieses unser Erdkügelchen, unser Hüttchen, die Erzeugerin der vegetabilischen Wesen, die selbst in ihrem Innern von einer Seele, der kunstvollen Bildnerin so wunderbarer Werke, gestaltet wird und täglich aus sich selber die Seelchen so vieler Pflanzen, Fische und Insekten entzündet, so daß sie leicht mit dieser ihrer Würde die ungeheure Ausdehnung der übrigen Welt in Schatten stellt. Schließlich schaut mir die Tierchen an! Hier gibt es bereits Empfindungen und willkürliche Bewegungen, eine unendliche Mannigfaltigkeit kunstvoller Körpergestalten. Schaut mir unter ihnen jene Stäubchen an, die man Menschen nennt, die Gottes Bild in sich tragen, die die Herren des ganzen ungeheuren Alls sind. Wer ist unter uns, der sich einen Körper von der Größe der Welt wünschte, um dafür auf die Seele zu verzichten? Lernen wir daraus den Sinn des Schöpfers erkennen, der seinen Ruhm nicht auf die große Ausdehnung setzt, sondern der das klein macht, was er durch Würde auszeichnen will. Die Welt ist nicht groß für Gott, sondern wir sind klein im Vergleich zur Welt. Lernen wir solchergestalt stufenweise aufsteigen, um die Größe der göttlichen Allmacht zu erfassen.»

Das ist die Welt, in der Johannes Kepler seine Heimat fand. Wie die Sphäre der Fixsterne einen geschlossenen Raum schafft, damit sich darin das Weltgeschehen unserem Auge zugänglich abspiele, so stellt ihm der teleologische Gedanke seine Lebensaufgabe, umschließt seine innere Welt und fügt in seinem Denken Anfang und Ende zusammen. Die Vorstellung von der Endlichkeit der Welt und die Überzeugung von Sinn und Zweck alles Natur- und Weltgeschehens geben ihm ein tiefes Gefühl heimatlicher Geborgenheit, das den unruhvollen, vom Schicksal verfolgten Wanderer zeitlebens beseelte und aufrecht hielt.

Kepler kommt mit seinem teleologischen Denken einem tiefsten Bedürfnis des menschlichen Geistes entgegen. Als vernünftiges Wesen hat der Mensch das Recht und die Pflicht, sich über die Natur zu erheben und sich in gewisser Weise als Mittelpunkt der Welt zu fühlen. Diese Haltung der äußeren Welt gegenüber ist die ganz natürliche, und auch der mechanistisch denkende Forscher tut so, als ob die Sonne für ihn scheine und die Blumen für ihn blühen. Es ist ein für die ganze Entwicklung des geistigen Lebens der letzten Jahrhunderte höchst folgenschweres Verhängnis gewesen, daß jener Anspruch des

Menschen beseitigt und lächerlich gemacht wurde. Die Anfänge dieses neuen Denkens finden wir bereits in der Zeit um Kepler; die mechanistische Naturbetrachtung hat sehr früh mit der Teleologie aufgeräumt. In Frankreich hatte schon einige Jahre vor Kepler der Skeptiker Montaigne seine scharfgeschliffenen Pfeile gegen die in seinen Augen anmaßende Haltung des Menschen gerichtet, indem er schrieb: «Gibt es etwas Lächerlicheres, als daß der Mensch, dieses elende und ärmliche Geschöpf, das nicht einmal Herr seiner selbst ist, sich zum Herrn des Universums berufen glaubt, von dem es nicht einmal den winzigsten Teil zu erkennen vermag!» In England hat eben zur Zeit Keplers Bacon als neues Ideal eine vorurteilsfreie Naturerkenntnis mit dem Zweck der Beherrschung der Natur verkündet; unter die Vorurteile, die Idole, die bei der Naturerkenntnis besonders zu vermeiden sind, rechnet er vor allem den Hang zu anthropomorphistischer, im besonderen teleologischer Auffassung der Natur. Wenige Jahre später machte sein Schüler Hobbes den Versuch, die mechanistische Methode, die Galilei im Bereich der körperlichen Natur angewandt hatte, auf die Psychologie und Staatslehre zu übertragen. Der eigentliche Vater der mechanistischen Naturphilosophie ist aber Descartes, der jüngere Zeitgenosse Keplers. Hatte Kepler von einer machina coelestis gesprochen und mit aller Vorsicht mechanische und seelische Ursachen auseinanderzuhalten sich bemüht, so führte Descartes die Tiermaschine ein, von der dann Lamettrie vollends weiter ging zu seinem Begriff «l'homme machine». In seinen «Prinzipien der Philosophie» wendet sich Descartes scharf gegen die Ansicht, alles sei nur unseretwegen von Gott geschaffen; diese Ansicht könnte zwar auf dem Gebiet des Sittlichen gelten, auf naturphilosophischem Gebiet aber sei sie lächerlich und verkehrt. Daß auch Spinoza bei seiner Gotteslehre diese Ansicht als fundamentales Vorurteil betrachtet, aus dem, wie er in seiner

«Ethik» zeigen will, alle Vorurteile über Gut und Bös, Verdienst und Verbrechen, Schönheit und Häßlichkeit entsprungen seien, ist verständlich. Dabei lehnt er auch den Begriff einer objektiven Schönheit ab und drückt seine Verwunderung aus, daß es Philosophen gebe, die fest überzeugt seien, daß die Bewegungen der Himmelskörper eine Harmonie bilden.

An die Stelle des Zweckgedankens, wie ihn Kepler auffaßt, tritt der Gedanke an den Nutzen, den die Naturkräfte dem Menschen gewähren. Neben dem Empiristen Bacon ist es auffallenderweise auch der Rationalist Descartes, der diesem Gedanken Ausdruck verleiht. Er spricht in seiner berühmten «Abhandlung über die Methode» von einigen allgemeinen Begriffen in der Physik, zu denen er gelangt sei, und sagt von diesen: «Sie haben mir gezeigt, daß es möglich ist zu Erkenntnissen zu gelangen, die für das Leben recht nützlich sind, und an Stelle der spekulativen Philosophie eine praktische zu finden, die uns die Kraft und Wirkungen des Feuers, des Wassers, der Luft, der Gestirne, des Himmelsgewölbes und aller übrigen Körper, die uns umgeben, so genau kennen lehrt, wie wir die verschiedenen Tätigkeiten unserer Handwerke kennen, so daß wir sie in derselben Weise zu allen Zwecken wozu sie geeignet sind, verwenden und uns auf diese Weise gleichsam zu Meistern und Besitzern der Natur machen können.» Wie vertraut sind diese Klänge in der Folgezeit den Menschen geworden! Hat man doch hierin bis zuletzt den ganzen Sinn der Technik sehen wollen. Der Mensch Meister und Besitzer der Natur! Und wie nennt Kepler den Naturforscher? Er sagt, er sei Priester am Buche der Natur. In dieser Gegenüberstellung wird aufs deutlichste der Bruch sichtbar, der alsbald nach Kepler in der Stellung des Menschen der Natur gegenüber eingetreten ist.

Die mechanistische Denkweise hat den Sieg davongetragen über die organisch-zweckbestimmte Natur-

betrachtung. Das Denken in Ursachen hat das Denken in Urbildern verdrängt. Man sagt, Keplers Konzeption sei ein Irrtum gewesen, da sie sich auf der Sechszahl der Planeten aufbaue, die gar nicht stimme. Das ist richtig, und Kepler selber hätte dies als erster anerkannt, wenn zu seiner Zeit ein weiterer Planet entdeckt worden wäre. Denn er besaß einen unbedingten Respekt vor der Erfahrung; die Harmonie müsse sich nach der Erfahrung richten, sagt er einmal. Sein Respekt vor der Erfahrung war so groß, daß er, um seine Harmonik sicher zu begründen, nebenbei die Planetengesetze entdeckte. Er machte es nicht so wie jene philosophischen Kollegen von Galilei in Padua, die sich weigerten, die Jupitermonde im neuerfundenen Fernrohr anzuschauen. Aber ebenso sicher ist, daß Kepler sich sofort daran gemacht hätte, auch einen neuen Planeten, falls ihm ein solcher gezeigt worden wäre, in das System seiner Harmonik einzuordnen. Und ein solches System, das alle gegebenen Erfahrungstatsachen berücksichtigt, falsch zu nennen, geht ebensowenig an, wie man ein Kunstwerk falsch nennen kann; denn es offenbart sich in ihm eine Art der Naturbetrachtung, die mit künstlerischem Schaffen in naher Beziehung steht.
Die weitere Entwicklung der Naturwissenschaft hat in zweifacher Hinsicht über Kepler hinausgeführt. Fürs erste wurde eine ungeheure Fülle von Tatsachen festgestellt, fürs zweite wurde eine sorgfältige Scheidung zwischen wissenschaftlichem Forschen und philosophischem Denken vorgenommen. Diese Scheidung ist gut und notwendig, sie bedeutet wirklich einen großen Fortschritt. Aber doch nur, wenn diese Scheidung in der Sache, nicht aber wenn sie in der Person vollzogen wird. Wir kennen aus der späteren Zeit Beispiele von Philosophen, die nur über die Natur spekuliert, und von Naturforschern, die nur Tatsachen gesammelt haben. Beides ist verfehlt. Es sollte sich der Philosoph in der Werkstatt des Forschers auskennen, und der Naturforscher sollte sich bewußt sein,

daß seine Tatsachen tieferen Sinn und Wert nur gewinnen, insofern sie Bausteine zu einer Weltanschauung liefern. Sonst reden beide aneinander vorbei. Das ist gerade das Große, Beglückende an Kepler, daß er ein bedeutender Astronom gewesen ist und den großen Wurf gewagt hat, das, was er an Tatsachen fand, in eine in sich geschlossene Weltanschauung einzubauen.

Mit diesem Versuch, die Welt als Ganzes zu erfassen und ihren Sinn zu deuten, steht Kepler in einer Linie, die von der mittelalterlichen Mystik ausgehend über Nikolaus von Cusa, Paracelsus zu ihm und von ihm aus zu Leibniz führt, der ebenso wie Kepler den Mechanismus der Teleologie ein- und unterzuordnen unternommen hat. Auf der anderen Seite stehen, vom Nominalismus ausgehend, Galilei, Newton und ihre Nachfolger, sowie die Empiristen Bacon, Hobbes usw. Auch Descartes gehört hierher. Ist es Zufall, daß auf der ersteren Linie nur deutsche Namen stehen? Zeigt nicht die Geistesgeschichte des deutschen Volkes, daß es sich nie auf die Dauer zufrieden geben konnte mit leeren Formeln, mit reinen Tatsachen der Erkenntnis, daß es in metaphysischem Drang immer von neuem um den Sinn des Natur- und Weltgeschehens gerungen hat, daß es ihm stets um das Ganze der Erkenntnis gegangen ist, um eine ewige Wahrheit? Wohl löst ein System das andere ab. Aber besser ist es einen Versuch zu wagen, als von vornherein Verzicht zu leisten. Schon Nikolaus von Cusa hat gesagt, daß das Ringen um die Wahrheit mehr Wert habe als ihr Besitz. Möchte uns in unserer Zeit, da wir an einer weltanschaulichen Wende stehen, da uns die Physik selber die Türe zu einem neuen Denken aufgemacht hat, ein zweiter Kepler erstehen, der die ungeheure Fülle von Ergebnissen naturwissenschaftlicher Forschung zu einem sinnvollen Ganzen zusammenfaßt und uns hinausführt zu einer glücklicheren Erkenntnis.

Neue Astronomie von Johannes Kepler. Übersetzt und eingeleitet von Max Caspar. 482 S., 81 Abb. 4⁰. 1929. Lw. RM 34.50.

Die Astrologie des Johannes Kepler. Eine Auswahl aus seinen Schriften. Herausgegeben von H. A. Strauß und S. Strauß-Kloebe. 232 S. 8⁰. 1926. RM 2.20 Lw. 3.—.

Johannes Kepler in seinen Briefen. Herausgegeben von Max Caspar und Walter v. Dyck. 2 Bde. 424 S. u. 364 S., 8 Abb., 4 Taf. 8⁰. 1930. Zus. geb. RM 18.—.

Das Weltgeheimnis. Mysterium Cosmographicum. Übers. und eingel. von Max Caspar. 181 S., 26 Abb. Lex.-8⁰. 1936. Lw. RM 6.80.

Weltharmonik. Übersetzt und eingeleitet von Max Caspar. 459 S. 4⁰. 1939. Lw. RM 28.—.

Ab 1943 erscheint:

Nikolaus Kopernikus
Gesamtausgabe

Im Auftrag der Deutschen Forschungsgemeinschaft
herausgegeben von

Fritz Kubach

Band I: Faksimile - Ausgabe der Handschrift des Kopernikanischen Hauptwerkes „De revolutionibus", etwa 450 Seiten

Band II: Lateinische Textausgabe des Kopernikanischen Hauptwerkes, etwa 450 Seiten

Band III: Deutsche Ausgabe des Kopernikanischen Hauptwerkes (neue deutsche Übersetzung), etwa 500 Seiten

Band IV: Kleinere Schriften, Briefe und sonstige schriftliche Überlieferung, im Urtext und in deutscher Übersetzung, etwa 350 Seiten

Band V: Urkundenbuch. Etwa 450 Seiten

Band VI: Kopernikus-Bibliographie. Etwa 450 Seiten

Band VII/VIII Kopernikus-Biographie. Je etwa 300 Seiten

Band I erscheint möglichst zum Kopernikus-Gedenktag im Mai 1943.

Bezugsbedingungen sind durch jede Buchhandlung zu erfragen.